JIANGLUROU ZHIPIN JIAGONG

酱卤肉制品加工

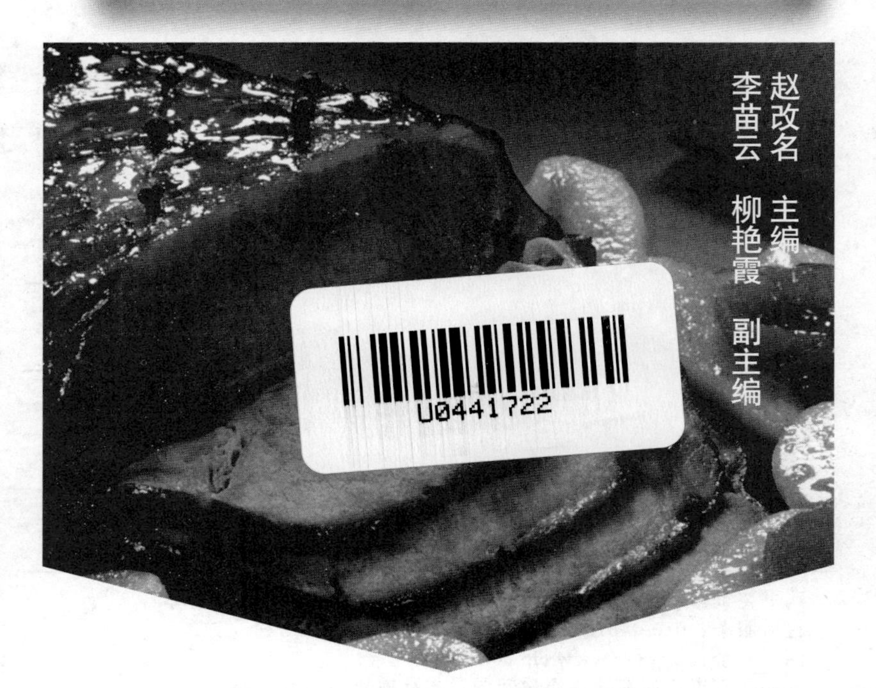

赵改名 李苗云 主编
柳艳霞 副主编

化学工业出版社
·北京·

图书在版编目（CIP）数据

酱卤肉制品加工/赵改名主编．—北京：化学工业出版社，2008.4（2023.4 重印）
ISBN 978-7-122-02465-7

Ⅰ．酱…　Ⅱ．赵…　Ⅲ．酱肉制品-食品加工
Ⅳ．TS251.6

中国版本图书馆 CIP 数据核字（2008）第 042914 号

责任编辑：彭爱铭　　装帧设计：周　遥
责任校对：陈　静

出版发行：化学工业出版社
（北京市东城区青年湖南街 13 号　邮政编码 100011）
印　　刷：北京云浩印刷有限责任公司
装　　订：三河市振勇印装有限公司
850mm×1168mm　1/32　印张 8¼　字数 219 千字
2023 年 4 月北京第 1 版第 19 次印刷

购书咨询：010-64518888
售后服务：010-64518899
网　　址：http://www.cip.com.cn

定　　价：25.00 元　

前　言

中华民族历史悠久，饮食文化博大精深，源远流长，形成了许多著名的传统肉制品，其中酱卤肉制品选料考究，工艺细腻，注重色、香、味、形，具有典型的民族特色，是我国最具代表性的传统肉制品类型之一。酱卤肉制品与中国烹饪文化密切相关，是中国传统饮食文化的重要组成部分，其加工方法很多，产品具有鲜明的地方风味特色，深受广大消费者喜爱，拥有世界上最广大的消费群体。

近年来随着经济增长和人们生活水平的提高，酱卤肉制品的市场需求量越来越大。然而，由于历史原因，目前多数酱卤肉制品加工仍沿用传统的作坊式加工模式，产品数量和质量都难以适应社会发展的需求。为促进我国传统饮食特产的发展，满足市场需求，我国曾在酱卤肉制品工业化生产方面进行了大量研究工作，实现了一些产品的规模化生产，并出版了一些包含酱卤肉制品加工相关内容的书籍，但相关资料仍然十分缺乏和混乱，系统介绍酱卤肉制品的书籍更是少见。鉴于此，有必要编写一本能够系统反映现代酱卤肉制品加工理论和加工技术的书籍，以满足大专院校食品科学与工程专业及相关专业师生、科学研究人员、企业技术人员及广大家庭烹饪爱好者之需求。在这种形势下，我们收集、整理了最新科研成果及生产新技术，并参考了相关文献资料，编写了此书。

该书共四章，编写分工如下：

第一章　肉品基础知识　赵改名　李苗云

第二章　肉品加工的辅料及添加剂　李苗云　赵改名

第三章　酱卤肉制品加工原理　李苗云　赵改名

第四章　酱卤肉制品加工工艺

第一节　白煮肉制品加工　孙灵霞　高晓平

第二节　酱肉制品加工　柳艳霞　田　玮

第三节　卤肉制品加工　高晓平　柳艳霞

第四节　蜜汁肉制品加工　孙灵霞　田　玮

第五节　糖醋肉制品加工　孙灵霞　张秋会

第六节　糟肉制品加工　张秋会　孙灵霞

鉴于各编者写作风格差异较大，本书进行了多次统稿和审改工作，由赵改名、李苗云、柳艳霞对书稿进行了集中修改，最后由赵改名统稿审定。

尽管作者在编写和统稿过程中尽了很大努力，但可能还会存在一些缺点，对于本书疏漏与不妥之处，恳请读者批评指正。在本书编写过程中，还得到了许雄、崔艳飞、郝红涛、蔡根旺的大力支持，在此一并致谢。

编者

2008 年 2 月

目　录

第一章　肉品基础知识

中国饮食文化博大精深，源远流长，饮食加工选料考究、工艺细腻，注重产品色、香、味、形，在世界饮食文化中占有重要地位。酱卤肉制品是中国饮食文化的重要组成部分，具有典型的民族特色。酱卤肉制品有多种加工方法，如酱、卤、白煮、蜜汁、糖醋、糟制等，不同的原料肉适合的加工方法不同，各种加工方法也都有其严格的原料要求。因此，在学习酱卤肉制品及其加工方法之前，首先需要了解原料肉的有关基本知识。

第一节　肉的结构及化学组成

一、肉的概念

在日常生活中肉有多重含义，不同的研究领域对肉的理解也不同，并有许多约定俗成的名称。在生物学领域，肉的含义是“肌”，即肌肉组织，包括骨骼肌、平滑肌和心肌三种类型，其中骨骼肌是附着在骨骼上的肌肉组织，数量最多；平滑肌主要指动物的胃肠道等富有弹性的组织；而心肌则专指构成心脏的肌肉组织。在商业领域，肉的含义是“胴体”，即动物屠宰放血后，去除头、蹄、尾、皮（毛）和内脏所余的可食部分，俗称“白条肉”，主要包括肌肉组织、脂肪组织、结缔组织和骨髓组织四部分，其中肌肉组织为骨骼肌，俗称“瘦肉”或“精肉”，脂肪组织俗称“肥肉”，而将内脏称为“下水”，分为“红下水”和“白下水”，前者主要指心、肝、肺，后者主要指胃肠道。可见，生物学中肉的概念包涵面很窄，而商业中肉的概念包涵面较宽。然而，从消费角度看，肉的含义包涵面更宽。广义地讲，凡作为人类食物的动物体组织均可称为“肉”。狭义地讲，肉指动物的肌肉组织和脂肪组织以及附着于其中的结缔组织、微量的神经和血管。人类消费的肉主要来自于家畜、家禽和水产动物，如猪、马、牛、羊、鸡、鸭、鹅和鱼虾等。

酱卤肉制品加工的原料肉很广泛，“白条肉”和下水都可以加工酱卤肉制品。在原料肉选择中，一些常用的称谓也需要清楚，如西方国家常把牛羊肉、猪肉称为“红肉”，把禽肉和兔肉称为“白肉”；鸡、鸭、鹅等禽类的肉称为“禽肉”；野生动物的肉称为“野味”。此外，在肉品生产中，把刚屠宰后不久，肉温还没有完全散失的肉称为“热鲜肉”；经过一段时间的冷处理，使肉保持低温而不冻结的肉称为“冷却肉”；“热鲜肉”和“冷却肉”等保持肉质新鲜的肉都称为“鲜肉”；按不同部位分割包装的肉称为“分割肉”；剔去骨头的肉称“剔骨肉”；将肉经过进一步的加工处理生产出来的产品称为“肉制品”。

总之，肉的概念有不同的理解，也有多种名称或俗称。不论怎样理解肉的概念，肌肉组织都是肉的主体，它的特性决定着肉的食用品质和加工性能，因而也是肉品研究和肉品加工的主要对象。

二、肌肉组织的结构

与肉品加工有关的原料肉主要是骨骼肌，下面描述的肉的结构主要是指骨骼肌的构造。

1. 宏观结构

动物身上约有300块以上形状、大小各异的肌肉，但其基本结构大致相同（图1-1）。肌肉的基本构造单位是肌细胞或肌纤维。肌纤维与肌纤维之间被一层很薄的结缔组织膜围绕隔开，此膜叫肌膜。每50～150条肌纤维聚集成束，称为初级肌束。初级肌束被一层结缔组织膜所包裹，此膜叫肌束膜。由数十条初级肌束集结在一起并由较厚的结缔组织膜包围就形成了次级肌束（或叫二级肌束）。次级肌束外面也由一层肌束膜包裹。由许多二级肌束集结在一起形成肌肉块，其外面包有一层较厚的结缔组织膜，称为肌外膜。在活的动物体内，这些分布在肌肉中的结缔组织膜既起着支架的作用，又起着保护作用，血管、神经通过三层膜穿行其中，伸入到肌纤维的表面，为动物肌肉生长代谢提供营养，并为肌肉运动传导神经冲动。当动物营养较好时，过剩的营养以脂肪形式沉积在结缔组织膜中间，使肌肉断面呈现大理石样纹理。这样的肉柔嫩多汁，香味浓郁，品质极佳。与此相反，当动物营养不良时，肌肉不丰满，结缔组织占比例大，肉质和风味都较差。

2．微观结构

（1）肌纤维　和其他组织一样，肌肉组织也是由细胞构成的，但肌细胞是一种相当特殊化的细胞，呈长线状，不分支，两端逐渐尖细，因此也叫肌纤维。肌纤维直径为 10～100μm，长度为 1～40mm，最长可达 100mm。肌纤维是多核细胞，由细胞膜、细胞质、细胞器和细胞核构成，但肌细胞的细胞膜中肌膜，细胞质为肌浆，肌浆内有肌细胞特有的细胞器——肌原纤维等。肌膜由蛋白质和脂质组成，韧性很好，可承受肌纤维的伸长和收缩。肌膜向肌纤维内凹陷形成网状的管，叫做横小管，通常称为 T 小管。

（2）肌原纤维　约占肌纤维固形成分的 60％～70％，是肌肉的伸缩装置。它呈细长的圆筒状结构，直径约 1～2μm，其长轴与肌纤维的长轴相平行并浸润于肌浆中。一个肌纤维含有 1000～2000 根肌原纤维。肌原纤维由肌丝组成，肌丝分为粗丝和细丝。粗丝主要由肌球蛋白组成，故又称为“肌球蛋白丝”，直径约 10nm，长约为 1.5μm。细丝主要由肌动蛋白分子组成，所以又称为“肌动蛋白丝”，直径约 6～8nm。粗丝和细丝顺着肌纤维方向整齐地交替排列于整个肌原纤维（图 1-1），在电镜下观察时呈现出明暗相间的横纹，因此，骨骼肌也叫“横纹肌”。光线较暗的区域称为暗带（A 带），光线较亮的区域称为明带（Ⅰ带）。Ⅰ带的中央有一条暗线，称为“Z 线”，两个相邻 Z 线之间的部分称为肌节。肌节是肌原纤维的重复构造单位，也是肌肉收缩的基本机能单位。肌节的长度是不恒定的，它取决于肌肉所处的状态。当肌肉收

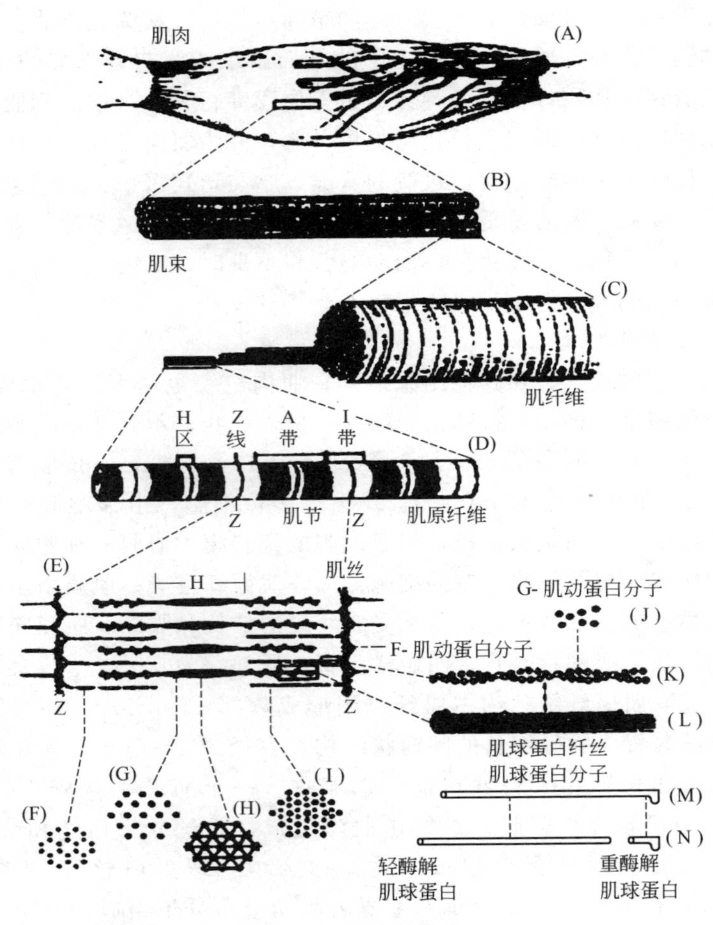

图 1-1　肌肉的构造

缩时，肌节变短；松弛时，肌节变长。哺乳动物肌肉放松时典型的肌节长度为 2.5μm。通常每个肌纤维由 100 个左右的肌节连接而成，当肉经过加工后，肌原纤维断裂，肉的嫩度会明显改善。当肌肉收缩时，肌原纤维不易断裂，肉的嫩度也较差。

（3）肌浆　肌浆填充于肌原纤维间周围，是细胞内的胶体物质，含水分 75%～80%。肌浆内富含肌红蛋白、酶、肌糖原及其代谢产物和无机盐类等。骨骼肌的肌浆内有发达的线粒体分布，习惯上把肌纤维内的线粒体称为“肌粒”。肌浆中有一种重要的细胞器叫溶酶体，内含有多种能消化细胞和细胞内容物的酶。在这种酶系中，能分解蛋白质的酶称之为组织蛋白酶，它们能够水解肌肉蛋白质形成风味物质，并改善肉的嫩度，在肉的成熟和加工过程中具有很重要的意义。

（4）肌细胞核　肌纤维长度变化很大，每条肌纤维所含核的数目不定，一条几厘米的肌纤维可能有数百个核。肌细胞核呈椭圆形，位于肌纤维的周边，紧贴在肌膜下，呈有规则的分布，核长约5μm。

3. 肌纤维分类

众所周知，鸡腿肉和鸡胸肉同样是鸡肉，但两者颜色不同，风味和口感差异也很大。造成这种差异的原因主要是两者的肌纤维类型不同。肌纤维有多种分类方法，通常根据外观和代谢特点不同，将肌纤维分为红肌纤维、白肌纤维和中间型纤维三类。有些肌肉全部由红肌纤维或白肌纤维构成，但大多数动物的肌肉是由两种或三种肌纤维混合而成。了解肌肉的纤维类型构成，对于选择适合的方法进行加工具有重要意义。

由红肌纤维构成的肌肉称为红肌，典型的例子是鸡的大腿部肌肉。红肌纤维较细，肌浆丰富，糖原含量低，肌红蛋白和线粒体的含量高，结缔组织少，肌肉显红色。因红肌纤维收缩较慢，因此也叫慢纤维，红肌也叫慢肌。红肌的肌间脂肪相对较多，嫩度和风味都较好，特别适合做卤肉加工。由白肌纤维构成的肌肉称为白肌，典型的例子是鸡胸肉。白肌纤维较粗，肌浆少，糖原含量高，肌红蛋白和线粒体的含量低，结缔组织多，肌肉呈白色。白肌纤维收缩快，也叫快纤维，白肌也叫快肌。白肌肌肉发达，肌间脂肪相对较少，进行酱卤加工时，产品嫩度和风味都较差。

三、其他组织的结构

1. 脂肪组织的结构

脂肪组织由脂肪细胞借助于疏松结缔组织联在一起组成。脂肪细胞中心充满脂肪滴，细胞核被挤到周边。脂肪细胞是动物体内最大的细胞，直径为 30～120μm，最大者可达 250μm，脂肪细胞愈大，里面的脂肪滴愈多，因而出油率也高。脂肪细胞的大小与畜禽的肥育程度及不同部位有关，肥育越好，则脂肪细胞的直径越大。

脂肪组织一般占胴体重的 20%～40%。脂肪在体内的蓄积数量和部位，依动物种类、品种、年龄和肥育程度不同而异。猪多蓄积在皮下、肾周围及大网膜；羊多蓄积在尾根、肋间；牛主要蓄积在肌肉内；鸡蓄积在皮下、腹腔及肌胃周围。脂肪蓄积在肌束内最为理想，这样的肉呈大理石样纹理，肉质较好。脂肪在活体组织内起着保护组织器官和提供能量的作用，在肉中脂肪是重要的风味前体物质。

2. 结缔组织的结构

结缔组织是将动物体内不同部分联结和固定在一起的组织，分布于体内各个部位，构成器官、血管和淋巴管的支架；包围和支撑着肌肉、筋腱和神经束；将皮肤联结于机体。结缔组织通常占胴体重的 8%～15%。

肉中的结缔组织由结缔组织纤维、结缔组织细胞和基质构成。结缔组织细胞有多种，但数量很少，主要为成纤维细胞。大部分成纤维细胞呈细长的梭状，产生用于合成结缔组织胞外成分的物质，这些物质释放到细胞外基质后合成胶原蛋白和弹性蛋白。

结缔组织纤维主要包括胶原纤维、弹性纤维和网状结构纤维。绝大部分结缔组织纤维为胶原纤维，主要由胶原蛋白组成。胶原蛋白是结缔组织的主要结构蛋白，加热至 70℃以上时会软化并变为明胶。幼龄动物体内的胶原蛋白柔软且可溶于中性盐溶液，但随着年龄的增长，胶原蛋白分子之间形成交联。交联使结缔组织纤维失去水溶性，并变得十分坚韧，难以消化吸收，使肉的嫩度下降。因此，结缔组织多的肉嫩度往往较差。在酱卤肉制品加工中，胶原蛋白转化为明胶，肉的嫩度也因此而明显改善。弹性纤维和网状结构纤维分别由弹性蛋白和网状蛋白构成，其中弹性蛋白是一种具有高弹性的纤维蛋白，难以消化吸收，网状蛋白与胶原蛋白相似，但含有10%左右的脂肪，主要存在于肌内膜。

结缔组织基质主要由黏稠的蛋白多糖构成，也含有结缔组织代谢产物和底物，如胶原蛋白和弹性蛋白的前体物等。蛋白多糖是一类大分子化合物，由轴蛋白和许多氨基葡聚糖（黏多糖）结合而成，黏性很大，因此，含结缔组织较多的颈部肌肉具有很好的黏性。

3. 骨骼组织的结构

骨由骨膜、骨质和骨髓构成，骨膜是由致密结缔组织包围在骨骼表面的一层硬膜，里面有神经、血管。骨质根据构造的致密程度分为骨密质和骨松质，骨密质主要分布于长骨的骨干和其他类型骨的表面，致密而坚硬；骨松质分布于长骨的内部、骺以及其他类型骨的内部，疏松而多孔。骨骼按形状可分为管状骨、扁平骨和不规则骨，管状骨密质层厚，扁平骨密质层薄。在管状骨的骨髓腔及其他骨的松质层孔隙内充满着骨髓。骨髓分红骨髓和黄骨髓，红骨髓主要存在于胎儿和幼龄动物的骨骼中，含各种血细胞和大量的毛细血管；成年动物黄骨髓含量较多，黄骨髓主要是脂类成分。

成年动物骨骼含量比较恒定，变动幅度较小。猪骨约占胴体的5%～9%，牛占15%～20%，羊占8%～17%，兔占12%～15%，鸡占8%～17%。骨的化学成分中水分约占40%～50%，胶原蛋白占20%～30%，无机质占20%，无机质的成分主要是钙和磷。将骨骼粉碎可以制成骨泥、骨粉，熬骨头可以生产骨油和骨胶。

四、肉的化学组成

动物胴体主要由肌肉组织、脂肪组织、结缔组织、骨组织四部分组成，它们占胴体的比例因动物的品种、年龄、性别、营养状况不同而存在很大差异，其化学组成也明显不同。就肌肉组织而言，肉主要由蛋白质、脂肪、水分、浸出物、维生素和矿物质六种成分组成。一般来说，猪、牛、羊的分割肉块含水量为55%～70%，粗蛋白15%～20%，脂肪10%～30%。家禽肉水分在73%左右，胸肉脂肪少，约为1%～2%，而腿肉在6%左右，前者粗蛋白约为

23%，后者为18%～19%。成年哺乳动物肌肉的典型化学成分见表1-1。

表1-1　成年哺乳动物肌肉的典型化学成分

成　　分	含量/%	成　　分	含量/%
水分	75.0	碳水化合物	1.2
蛋白质	19.0	可溶性无机物和非蛋白含氮物	2.3
肌原纤维蛋白	11.5	非蛋白含氮物	1.65
肌浆蛋白	5.5	可溶性无机物	0.65
结缔组织蛋白	2.0	维生素	微量
脂类	2.5		

1. 水分

水分是肉中含量最多的成分，不同组织水分含量差异很大，肌肉含水70%，皮肤为60%，骨骼为12%～15%，脂肪组织含水甚少，所以动物愈肥，其胴体水分含量愈低。肉品中的水分含量及其持水性能直接影响肉及肉制品的组织状态、品质，甚至风味。

水分在肉中有三种存在形式，即结合水、不易流动水和自由水。

(1) 结合水　指由肌肉蛋白质亲水基团所吸引的水分子形成的紧密结合水层，约占水分总量的5%。结合水无溶剂特性，冰点很低（−40℃），不能为微生物所利用。

(2) 不易流动水　指存在于纤丝、肌原纤维及肌细胞膜之间水，约占肌肉水分总量的80%。不易流动水容易受蛋白质结构和电荷变化的影响，肉的保水性能主要取决于肌肉对此类水的保持能力。不易流动水能溶解盐及溶质，在−1.5～0℃结冰。在酱卤肉制品加工中，部分不易流动水损失于肉汤中。

(3) 自由水　指存在于细胞外间隙中能自由流动的水，它们靠毛细管虹吸作用滞留在细胞外间隙，自由水约占总水分15%。自由水在贮藏加工中很容易损失。

2. 蛋白质

肌肉中蛋白质约占20%，分为三类：肌原纤维蛋白，约占总蛋白的40%～60%；肌浆蛋白，约占20%～30%；结缔组织蛋白，约占10%。这些蛋白质的含量因动物种类、解剖部位等不同而有一定差异（表1-2）。

表1-2　动物骨骼肌中不同种类蛋白质的含量　　单位：%

种　类	哺乳动物	禽　类	鱼　肉
肌原纤维蛋白	49～55	60～65	65～75
肌浆蛋白	30～34	30～34	20～30
结缔组织蛋白	10～17	5～7	1～3

（1）肌原纤维蛋白　是构成肌原纤维的蛋白质，支撑着肌纤维的形状，因此也称为结构蛋白或不溶性蛋白质。肌原纤维蛋白主要包括肌球蛋白、肌动蛋白、肌动球蛋白、原肌球蛋白和肌钙蛋白等。

① 肌球蛋白　是肌肉中含量最高的蛋白质，约占肌肉总蛋白质的三分之一，占肌原纤维蛋白的50%～55%。肌球蛋白是粗丝的主要成分，构成肌节的A带，相对分子质量为470000～510000，形状很像“豆芽”，由两条肽链相互盘旋构成。肌球蛋白可与肌动蛋白结合形成肌动球蛋白，与肌肉收缩有关。肌球蛋白不溶于水或微溶于水，可溶解于离子强度为0.3以上的中性盐溶液中，等电点5.4。肌球蛋白可形成具有立体网络结构的热诱导凝胶。肌球蛋白的溶解性和形成凝胶的能力与其所在溶液的pH、离子强度、离子类型等有密切的关系。在肉制品加工中，肌球蛋白形成热诱导凝胶的特性制品的质地、保水性和风味等影响很大。

② 肌动蛋白　约占肌原纤维蛋白的20%，是构成细丝的主要成分。肌动蛋白只有一条多肽链构成，其相对分子质量为41800～61000。肌动蛋白能溶于水及稀的盐溶液中，等电点4.7。肌动蛋白与原肌球蛋白等结合成细丝，参与肌肉的收缩。肌动蛋白不具备凝胶形成能力，但对肌肉凝胶的形成有调节作用。

③ 肌动球蛋白　是肌动蛋白与肌球蛋白的复合物。肌动球蛋白的粘度很高，具有明显的流动双折射现象，由于其聚合度不同，

因而分子量不定。肌动蛋白与肌球蛋白的结合比例大约为 1∶(2.5～4)。肌动球蛋白能形成热诱导凝胶，影响肉制品的工艺特性。

④ 原肌球蛋白　约占肌原纤维蛋白的 4%～5%，为杆状分子，构成细丝的支架。每 1 分子的原肌球蛋白结合 7 分子的肌动蛋白和 1 分子的肌钙蛋白，相对分子质量为 65000～80000。

⑤ 肌钙蛋白　又叫肌原蛋白，约占肌原纤维蛋白的 5%～6%。肌钙蛋白相对分子质量为 69000～81000，对肌浆 Ca^{2+} 有很高的敏感性，参与调节肌肉收缩。肌钙蛋白有三个亚基，其中钙结合亚基是 Ca^{2+} 的结合部位，抑制亚基阻止肌动蛋白与肌球蛋白结合，原肌球蛋白结合亚基能结合原肌球蛋白，起联结作用。

此外，肌原纤维蛋白还包括 M-蛋白、C-蛋白、肌动素、I-蛋白、肌联蛋白、肌间线蛋白、N-线蛋白等。

（2）肌浆蛋白　肌浆是指在肌纤维中环绕并渗透到肌原纤维的液体及其中的各种有机物、无机物以及细胞器等。肌浆蛋白主要包括肌溶蛋白、肌红蛋白、肌球蛋白 X、肌粒蛋白和肌浆酶等。

① 肌红蛋白　肌红蛋白是一种复合性的色素蛋白质，是肌肉呈现红色的主要成分，由一分子的珠蛋白和一个血色素结合而成，相对分子质量 17000，等电点 6.78。

② 肌溶蛋白　是一种清蛋白，溶于水，加热至 52℃时凝固。在卤煮过程中肌溶蛋白凝固，形成浮沫浮于肉汤表面，因影响热传导，通常需要除去。

③ 肌浆酶　肌浆中存在大量可溶性肌浆酶，其中糖酵解酶占 2/3 以上。在动物屠宰后的肌肉成熟过程中，糖酵解酶使肌糖原酵解产生乳酸，使肉的 pH 下降。

（3）结缔组织蛋白　结缔组织构成肌膜、肌束膜、肌外膜和筋腱等，结缔组织蛋白主要有三种，即胶原蛋白、弹性蛋白和网状蛋白。

① 胶原蛋白　是构成胶原纤维的主要成分，约占胶原纤维固体物的 85%。胶原蛋白呈白色，是一种糖蛋白，含有少量的半乳

糖和葡萄糖。甘氨酸是其最重要的组成成分，占到总氨基酸的1/3，其次是羟脯氨酸和脯氨酸，其中羟脯氨酸含量稳定，一般在13%～14%，可以通过测定它来推算胶原蛋白的含量。

胶原蛋白性质稳定，具有很强的延伸力，不溶于水及稀溶液，在酸或碱溶液中可以膨胀。不易被一般蛋白酶水解，但可被胶原蛋白酶水解。胶原蛋白遇热会发生收缩，热缩温度随动物的种类有较大差异，一般鱼类为45℃，哺乳动物为60～65℃。当加热温度大于热收缩温度时，胶原蛋白就会逐渐变为明胶，变为明胶的过程并非水解的过程，而是氢键断开，原胶原分子的三条螺旋被解开，溶于水中，当冷却时就会形成明胶冻。卤汤冷却后形成肉冻状，就是由于明胶的作用。明胶易被酶水解，也易被消化。在肉品加工中，利用胶原蛋白的这一性质加工肉冻类制品。

② 弹性蛋白　弹性蛋白因含有色素残基而呈黄色，相对分子质量70000，约占弹性纤维固形物的75%，占胶原纤维的7%。弹性蛋白中90%的氨基酸是非极性的，加上赖氨酸残基上的交联，造成其高度不可溶性，所以也称其为硬蛋白，它对酸、碱、盐都稳定，不被胃蛋白酶、胰蛋白酶水解，但可以被弹性蛋白酶水解。弹性蛋白加热不能分解，因而其营养价值甚低。

③ 网状蛋白　网状蛋白的氨基酸组成、性质与胶原蛋白相似，但它与含有肉豆蔻酸的脂肪结合，因此区别于胶原蛋白。

（4）氨基酸　蛋白质由氨基酸组成，蛋白质的营养价值取决于各种氨基酸的比例。肌肉蛋白质的氨基酸组成与人体非常接近，含有人体必需的所有氨基酸，营养价值高于植物性蛋白质。鲜肉蛋白质的氨基酸组成见表1-3。

加工可能使某些氨基酸利用率下降，如牛肉氨基酸利用率在加热70℃时为90%，因此，在酱卤肉制品加工中，采用低温（不超过90℃）卤制有利于保持肉的氨基酸营养。

3．脂肪

脂肪是肌肉中仅次于蛋白质的重要营养成分，对肉的食用品质影响甚大，肌肉内脂肪的多少直接影响肉的多汁性和嫩度，脂肪中脂肪酸的组成在一定程度上决定了肉的风味。肌肉中脂肪含量变化很大，在1%～20%之间，主要取决于畜禽的品种、肥育程度、解剖部位、年龄等因素。脂肪组织90%为中性脂肪，7%～8%为水分，蛋白质占3%～4%，此外还有少量的磷脂和胆固醇。

表 1-3 鲜肉蛋白质的氨基酸组成 单位：g/100g

名　称	分　类	牛　肉	猪　肉	羊　肉
异亮氨酸	必需	5.1	4.9	4.8
亮氨酸	必需	8.4	7.5	7.4
赖氨酸	必需	8.4	7.8	7.6
蛋氨酸	必需	2.3	2.5	2.3
苯丙氨酸	必需	4.0	4.1	3.9
苏氨酸	必需	4.0	5.1	4.9
色氨酸	必需	1.1	1.4	1.3
缬氨酸	必需	5.7	5.0	5.0
精氨酸	新生儿必需	6.6	6.4	6.9
组氨酸	新生儿必需	2.9	3.2	2.7
半胱氨酸	非必需	1.4	1.3	1.3
丙氨酸	非必需	6.4	6.3	6.3
天门冬氨酸	非必需	8.8	8.9	8.5
谷氨酸	非必需	14.4	14.5	14.4
甘氨酸	非必需	7.1	6.1	6.7
脯氨酸	非必需	5.4	4.6	4.8
丝氨酸	非必需	3.8	4.0	3.9
酪氨酸	非必需	3.2	3.0	3.2

（1）中性脂肪　即甘油三酯，是由一分子甘油与三分子脂肪酸结合而成的，肪酸可分为饱和脂肪酸和不饱和脂肪酸。饱和脂肪酸分子链中不含有双键，不饱和脂肪酸含有一个以上的双键，由于脂肪酸结构不同，所以动物脂肪都是混合甘油酯。饱和脂肪酸含量多则脂肪熔点和凝固点高，脂肪比较硬；不饱和脂肪酸含量多则熔点和凝固点低，脂肪比较软。因此，脂肪酸的性质决定了脂肪的性质。肌肉脂肪含有20多种脂肪酸，最主要的有4种，即棕榈酸和硬脂酸两种饱和脂肪酸及油酸和亚油酸两种不饱和脂肪酸。一般反刍动物硬脂酸含量较高，而亚油酸含量低，所以牛羊肉的脂肪较猪

禽脂肪坚硬。

亚油酸（$C_{18:2}$）、亚麻酸（$C_{18:3}$）和花生四烯酸（$C_{20:4}$）等不饱和脂肪酸是人体必需的组分，但人体不能合成，必须从食物中摄取，因此又称为必需脂肪酸。肉类中必需脂肪酸含量低于植物性食物的，不是必需脂肪酸的主要来源。肌肉组织和器官中多不饱和脂肪酸及胆固醇含量的对比数据见表 1-4。

（2）磷脂和胆固醇　磷脂主要包括卵磷脂、脑磷脂、神经磷脂等，卵磷脂多存在于内脏器官，脑磷脂大部分存在于脑神经和内脏器官。磷脂的结构和中性脂肪相似，只是其中 1～2 个脂肪酸被磷脂酰胆碱取代，磷脂的不饱和脂肪酸比中性脂肪多，最高可达 50％以上，易于氧化，对肉品风味形成具有重要作用。

胆固醇除在脑中存在较多外，并广泛存在于动物体内，肝脏和肾脏中含量也很高。

表 1-4　肌肉组织和器官中多不饱和脂肪酸及胆固醇含量

来　源	多不饱和脂肪酸 /(g/100g 总脂肪酸)					胆固醇 /(mg/100g)
	$C_{18:2}$	$C_{20:3}$	$C_{18:3}$	$C_{20:4}$	$C_{22:5}$	
猪肉	7.4	0.9	微量	微量	微量	69
牛肉	2.0	1.3	微量	1.0	微量	59
羊肉	2.5	2.5	—	—	微量	79
大脑	0.4	—	1.5	4.2	3.4	2200
猪肾	11.7	0.5	0.6	6.7	微量	410
牛肾	4.8	0.5	微量	2.6	—	400
羊肾	8.1	4.0	0.5	7.1	微量	400
猪肝	14.7	0.5	1.3	14.3	2.3	260
牛肝	7.4	2.5	4.6	6.4	5.6	270
羊肝	5.0	3.8	0.6	5.1	3.0	430

4. 浸出物

浸出物是指除蛋白质、盐类、维生素外能溶于水的可浸出性物质，包括含氮浸出物和无氮浸出物。浸出物成分主要有机物为核甘酸、嘌呤碱、胍、氨基酸、肽、糖原、有机酸等。

含氮浸出物为非蛋白质的含氮物质，如游离氨基酸、磷酸肌酸、核苷酸类及肌苷、尿素等。这些物质为肉滋味的主要来源，如ATP除供给肌肉收缩的能量外，逐级降解为肌苷酸，是肉鲜味的成分。又如磷酸肌酸分解成肌酸，肌酸在酸性条件下加热则为肌酐，可增强熟肉的风味。

不含氮的可浸出性有机化合物，包括碳水化合物和有机酸。碳水化合物包括糖原、葡萄糖、核糖，有机酸主要是乳酸及少量的甲酸、乙酸、丁酸、延胡索酸等。

糖原主要存在于肝脏和肌肉中，肌肉中含0.3%～0.8%，肝中含量2%～8%，马肉肌糖原含量在2%以上。肉中糖的含量因屠宰前及屠宰后的条件不同而有所不同。糖原在动物死后的肌肉中进行无氧酵解，生成乳酸，对含量对肉的pH值、保水性、颜色等均有影响，在肉品加工与贮藏中具有重要意义。刚屠宰的动物乳酸含量不过0.05%，但经24h后增至1.00%～1.05%。

浸出物的成分与肉的风味及滋味、气味有密切关系。浸出物中的还原糖与氨基酸之间的非酶促褐变反应对肉的风味具有很重要的作用。而某些浸出物本身即是呈味成分，如琥珀酸、谷氨酸、肌苷酸是肉的鲜味成分，肌醇有甜味，以乳酸为主的一些有机酸有酸味等。浸出物含量虽然不多，但由于能增进消化腺体活动（如促进胃液、唾液等的分泌），因而对蛋白质和脂肪的消化起着很好的作用。

5. 维生素

肉中维生素主要有维生素A、维生素B_1、维生素B_2、维生素B_5、叶酸、维生素C、维生素D等。其中脂溶性维生素较少，但水溶性B族维生素含量较丰富，是人们获取此类维生素的主要来源之一。肉是B族维生素的良好来源，特别是尼克酸。这些维生素主要存在于瘦肉中。猪肉中维生素B_1的含量比其他肉类要多得多，而牛肉中叶酸的含量则又比猪肉和羊肉高。猪肉的维生素B_1含量受饲料影响，而羊、牛等反刍动物的肉中维生素含量不受饲料的影响。同种动物不同部位的肉，其维生素含量差别不大，但不同动物肉的维生素含量有较大的差异。

此外，某些器官如肝脏是众所周知的维生素A补品。此外，动物器官中含有大量的维生素，尤其是脂溶性维生素，如肝脏是众所周知的维生素 A 补品。生肉和器官组织中维生素含量分别列于表 1-5 和表 1-6。

表 1-5 生肉的维生素含量

维生素	牛 肉	小牛肉	猪 肉	腌猪肉	羊 肉
维生素 A/IU	微量	微量	微量	微量	微量
维生素 B_1/mg	0.07	0.10	1.0	0.4	0.15
维生素 B_2/mg	0.2	0.25	0.20	0.15	0.25
尼克酸/mg	5.0	7.0	5.0	1.5	5.0
泛酸/μg	0.4	0.6	0.6	0.3	0.5
生物素/μg	3.0	5.0	4.0	7.0	3.0
叶酸/mg	10	5	3	0	3
维生素 B_6/mg	0.3	0.3	0.5	0.3	0.4
维生素 B_{12}/μg	2	0	2	0	2
抗坏血酸/mg	0	0	0	0	0
维生素 D/IU	微量	微量	微量	微量	微量

注：生肉以 100g 计。

表 1-6 器官组织中维生素含量

来源	维生素 A/IU	维生素 B_1/mg	维生素 B_2/mg	尼克酸/mg	生物素/μg	叶酸/μg	维生素 B_6/mg	维生素 B_{12}/μg	维生素 C/mg	维生素 D/μg
脑	微量	0.07	0.02	3.0	2.0	6	0.10	9	23	微量
羊肾	100	0.49	1.8	8.3	37.0	31	0.30	55	7	—
牛肾	150	0.37	2.1	6.0	24.0	77	0.32	31	10	—
猪肾	110	0.32	1.9	7.5	32.0	42	0.25	14	14	—
羊肝	20000	0.27	3.3	14.2	41.0	220	0.42	84	10	0.5
牛肝	17000	0.23	3.1	13.4	33.0	330	0.83	110	23	1.13
猪肝	10000	0.31	3.0	14.8	39.0	110	0.68	25	13	1.13
羊肺	—	0.11	0.5	4.7	—	—	—	5	31	—
牛肺	—	0.11	0.4	4.0	6	—	—	3	39	—
猪肺	—	0.09	0.3	3.4	—	—	—	—	13	—

注：以 100g 计。

6. 矿物质

肌肉中含有大量的矿物质，尤以钾、磷含量最多。这些无机盐在肉中有的以游离状态存在，如镁、钙离子；有的以螯合状态存在，如肌红蛋白中的铁，核蛋白中的磷。肉的钙含量较低，而钾和钠几乎全部存在于软组织及体液之中。钾和钠与细胞膜通透性有关，可提高肉的保水性。肉中尚含有微量的锰、铜、锌、镍等。此外，在腌肉中由于加入食盐，使钠占主导地位。几种肉和肉制品中矿物质的含量见表 1-7。

表 1-7 肉和肉制品中矿物质含量 单位：mg/100g

名　称	钠	钾	钙	镁	铁	磷	铜	锌
生牛肉	69	334	5	24.5	2.3	276	0.1	4.3
烤牛肉	67	368	9	25.2	3.9	303	0.2	5.9
生羊肉	75	246	13	18.7	1.0	173	0.1	2.1
烤羊肉	102	305	18	22.8	2.4	206	0.2	4.1
生猪肉	45	400	4	26.1	1.4	223	0.1	2.4
烤猪肉	59	258	8	14.9	2.4	178	0.2	3.5
生腌猪肉	975	268	14	12.3	0.9	94	0.1	2.5

烹调后矿物质含量上升，这主要是由于水分损失和调味料中矿物质被添加所致。牛肉中铁的含量最高，这是由于牛肉中肌红蛋白的含量高于羊肉和猪肉。肾和肝中的铁、铜和锌的含量远高于肌肉组织。猪肾和肝中铁和铜的含量显著高于牛和羊的值，但物种间没有显著差异。各种器官组织中矿物质含量的数据列于表 1-8。

表 1-8 器官组织中的矿物质含量 单位：mg/100g

器官组织	钠	钾	钙	镁	铁	磷	铜	锌
脑	140	270	12	15.0	1.6	340	0.3	1.2
羊肾	220	270	10	17.0	7.4	240	0.4	2.4
牛肾	180	230	10	15.0	5.7	230	0.4	1.9
猪肾	190	290	8	19.0	5.0	270	0.8	2.6
羊肝	76	290	7	19.0	9.4	370	8.7	3.9
牛肝	81	320	6	19.0	7.0	360	2.5	4.0
猪肝	87	320	6	21.0	21.0	370	2.7	6.9

第二节　肉的宰后变化

动物经过屠宰放血后，体内平衡被打破，导致动物死亡。但是，维持生命以及各个器官、组织机能的活动并没有立即停止，各种细胞仍在继续进行各种代谢活动。动物死亡后，呼吸与血液循环停止，氧气供应中断，肌肉组织中各种需氧性生物化学反应停止，并转变成厌氧性活动。因此，动物死亡后肌肉中所发生的各种反应与活体不同，统称为肉的宰后变化。在动物宰后一定时间内，肌肉的变化主要由内源酶作用于肌肉自身糖原和蛋白质等引起，因此称为肉的自溶，根据肌肉外观变化，肉的自溶包括肉的尸僵和肉的成熟两个过程。成熟期之后，肌肉的变化则主要由微生物引起，称为肉的腐败。

一、肉的尸僵

畜禽刚屠宰后的一段时间内，肌肉 pH 值迅速下降，关节伸展性逐渐消失，胴体逐渐变硬，这一过程称为肉的尸僵。处于尸僵期的肌肉保水性差，加热损失多、风味差，难以切割，不适宜进行酱卤肉制品加工。尸僵过程中肌肉内部发生一系列变化，在肉类生产加工中需要了解肉的尸僵变化和影响因素，并控制异常尸僵进程。

1. 尸僵机理

尸僵的突出变化是发生肌肉僵直现象，这是由肌肉的不可逆收缩引起的。动物刚刚屠宰后，细胞内的生物化学反应仍在继续进行，由于供氧中断，细胞内很快变成无氧状态，细胞内的能量代谢必须通过葡萄糖的无氧酵解产生。首先，肌糖原水解产生葡萄糖，葡萄糖在酵解酶的作用进行无氧酵解产生乳酸和 ATP。由于葡萄糖无氧酵解产生的 ATP 很少，肌肉中 ATP 浓度逐渐下降，而乳酸浓度不断上升，肌肉 pH 值迅速降低，导致肌浆网钙泵功能丧失，肌浆 Ca^{2+} 浓度升高，引起肌动蛋白与肌球蛋白的不可逆性结合，即肌肉发生连续且不可逆的收缩，收缩达到最大程度时即形成了肌肉的宰后僵直。同时，肌肉 pH 值下降，使关节处胶原蛋白膨胀，使关节推动伸展性。

宰后僵直所需要的时间与动物的种类、肌肉类型、性质以及宰前状态、环境温度等有关，例如牛肉保存在 37℃（比一般屠宰后处理的温度高）时，可在屠宰后 4h 进入僵直状态。控制僵直期环境条件可以控制尸僵进程，从而改善肉的品质。

2. 尸僵期主要变化

(1) 肌肉 pH 值变化　活体动物的肌肉 pH 值通常为 7.0～7.4，屠宰时动物应激反应使肌肉 pH 快速下降至 6.8 左右。动物屠宰后，肌糖原的无氧酵解产生乳酸，同时磷酸肌酸和 ATP 分解产生的磷酸，酸性产物的蓄积使肌肉 pH 值继续下降。当 pH 值降到 5.4 左右时，糖原酵解酶失活，肌糖原酵解停止，肌肉中酸性产物不再继续增加，此时的肌肉 pH 值也达到动物宰后的最低值，称为极限 pH。极限 pH 值越低，肉的硬度越大。

极限 pH 与多种因素有关，正常饲养、正确屠宰的动物，达到极限 pH 时肌肉内的肌糖原含量仍有相当的量存在。然而，如果动物屠宰前激烈运动或被注射肾上腺类物质，肌糖原提前大量消耗，屠宰后肌糖原会在达到极限 pH 之前耗尽，使极限 pH 明显升高。如果因某些原因肌肉中肌糖原含量过高，如携带 RN 基因的汉普夏猪，其肌肉极限 pH 会偏低。肌肉极限 pH 与肉的颜色、保水性等品质指标密切相关，肌肉极限 pH 过低或过高都对肉的品质不利。

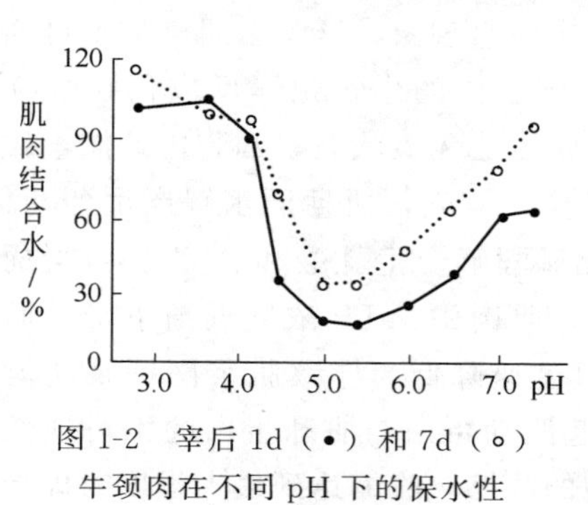

图 1-2　宰后 1d（•）和 7d（∘）牛颈肉在不同 pH 下的保水性

(2) 肌肉保水性变化　肌肉保水性主要由肌肉中肌球蛋白的存在状态所决定。肌球蛋白的等电点为 5.4 左右，当肌肉 pH 值接近 5.4 左右时，肌球蛋白沉淀，肉的保水性最差，升高或降低肌肉 pH 值远离肌球蛋白的等电点，都可以提高肉的保水性。宰后1d和7d牛颈肉在不同pH下的保水性如图1-2所示。

刚屠宰后的动物肌肉pH值较高，肌肉处于伸展状态，肉的保水性很好。在尸僵过程中，由于肌肉pH值下降并最终接近肌球蛋白的等电点，肉的保水性逐渐下降，当达到极限pH值时，肉的保水性最差。

如果原料肉处于尸僵期，肉的保水性很差，在卤煮过程中肌肉营养物质和水分大量进入肉汤使汤汁混浊，而肌肉收缩，嫩度很差，因此，在酱卤肉制品加工中，不能使用处于尸僵期的动物肉做原料肉。

(3) 肉的嫩度和风味变化　肉的嫩度与肌肉收缩状态及肌纤维的完整性有关。尸僵期的肌肉处于不可逆的强直收缩状态，并且肌球蛋白处于沉淀的聚集状态，因此嫩度也最差。同时，由于肌肉中存在大量酸性物质，一些风味成分在卤煮过程中也进入肉肠中，因此，肉和肉汤都带酸味，风味很差，不适宜进行酱卤肉制品加工。

3. 尸僵控制

动物宰后肌肉的缩短程度主要与温度有关，在僵直状态形成过程中，可以通过温度控制而避免过度收缩。不同的动物肌肉容易发生收缩的温度条件不同，猪肉皮下脂肪较厚，通常低温环境下不易发生过度肌肉收缩现象，屠宰之后可以在2～4℃的较低温度条件进行冷却。对牛肉而言，一般在15℃以上，肌肉收缩与温度呈正相关，温度越高，肌肉收缩越剧烈。如果在夏季室外屠宰，没有冷却设施，其肉就会变得很老；在15℃以下，牛肉的收缩程度与温度呈负相关，温度越低，收缩程度也越大，所谓冷收缩就是在低温条件下形成的。如牛、羊、鸡在低温条件下可产生急剧收缩。该现象红肌肉比白肌肉出现得更多一些，尤其以牛肉最为明显。经测定在2℃条件下肌肉的收缩程度与40℃时一样大。此外，动物屠宰后由于肌糖原快速酵解而需要释放大量的热，如果此时环境温度过高或胴体表层脂肪过厚而影响热的散发（如肥膘较厚的猪胴体），尤其是在人为提高肌糖原的酵解速度时（如电刺激），肌肉也容易发生收缩现象，称为热收缩。Honikel等研究表明，如果肌肉的pH

值下降至6.0以下以后肌肉的温度仍高于30℃，就会引起明显的热收缩。热收缩的本质是低pH值和高温结合使肌肉蛋白质发生变性收缩，与猪PSE肉的情形相似。

为减少微生物污染和繁殖，动物屠宰通常进行快速冷却或冷冻处理。然而，如果在肌肉还没达到最大僵直期时进行迅速冷冻，肌肉内仍含有大量糖原和ATP，解冻时残余糖原和ATP作为能量会使肌肉收缩形成僵直，这种现象称为解冻僵直。此时达到僵直的速度要比鲜肉在同样环境时快得多，肌肉收缩更激烈、肉变得更硬，并有很多的肉汁流出。这种现象称为解冻僵直收缩。在刚屠宰后立即冷冻，然后解冻时，这种现象最为明显。因此，要在肌肉形成最大僵直后再进行冷冻，以避免解冻僵直的发生。

二、肉的成熟

成熟是指尸僵完全的肉在冰点以上温度条件下放置一定时间，使其僵直解除、肌肉变软、系水力和风味得到很大改善的过程。肉的成熟过程也是肉的解僵过程。充分解僵的肉，加工后柔嫩且有较好的风味，持水性也有所恢复。可以说，肌肉必须经过僵直、解僵的过程，才能成为食品加工的原料。肌肉解僵所需要的时间因动物、肌肉、温度以及其他条件不同而异。在0～4℃的环境温度下，鸡需要3～4h，猪需要2～3d，牛则需要7～10d。

1. 肉的成熟机理

肉在成熟期间，肌原纤维和结缔组织的结构发生明显的变化，其中肌原纤维发生小片化，结缔组织松散是肌肉成熟的显著特征。

(1) 肌原纤维小片化　刚屠宰后的肌原纤维和活体肌肉一样，是10～100个肌节相连的长纤维状，而在肉成熟时则断裂为1～4个肌节相连的小片状。这种现象称为肌原纤维的小片化。肌原纤维小片化是肌肉成熟的基本机制，但关于肌原纤维小片化的形成原因，数十年来有不同的解释。目前，公认的学说为钙激活中性蛋白酶学说。该学说认为，肌肉中存在一种对钙离子浓度敏感的蛋白酶系统，即钙激活中性蛋白酶。在肌肉成熟过程中，该酶系统使肌细胞骨架蛋白如肌联蛋白、肌间线蛋白水解，从而破坏了肌原纤维结构，引起肌原纤维从肌节的Z-线附近断裂而发生小片化现象。目前钙激活中性蛋白酶系统及其作用机制已经被大量实验研究证实。

（2）结缔组织松散化　肌肉中结缔组织的含量虽然很低（占总蛋白的5%以下），但是由于其性质稳定、结构特殊，在维持肉的弹性和强度上起着非常重要的作用。在肉的成熟过程中，存在于胶原纤维间以及胶原纤维上的黏多糖被分解，导致胶原纤维的网状结构松弛化，由规则、致密的结构变成无序、松散的状态。胶原纤维结构的变化，直接导致了胶原纤维剪切力的下降，从而使整个肌肉的嫩度得以改善。

2. 肉的成熟变化

（1）pH值回升　在成熟过程中，肌肉pH值由最大僵直时的最低值逐渐回升，至成熟结束，猪肉的pH值回升至5.6～5.8，牛肉的pH值回升至5.8～6.0，因此成熟过程俗称“排酸”，经过成熟的肉也称“排酸肉”。事实上，尸僵过程肌肉中积累的乳酸等酸性物质并没有真正被排掉。成熟过程中大量蛋白质水解产生的游离氨基酸和小肽具有很强的缓冲作用，它们的平均等电点多在5.8左右，由于缓冲作用，肌肉pH值才得以回升。此外，蛋白质水解产生的少量氨类物质具有碱性，对酸性物质也有中和作用。

（2）嫩度改善　随着肉成熟的发展，肉的嫩度产生显著的变化。刚屠宰之后肉的嫩度最好，在极限pH值时嫩度最差。成熟肉的嫩度有所改善。

（3）保水性提高　肉在成熟时，保水性又有回升。极限pH值时肌肉蛋白质的水合率为40%～50%，pH值为5.6～5.8，肌肉蛋白质的水合率可达60%。肌肉成熟后时pH值升高，远离了肌球蛋白的等电点，肌动球蛋白解离，扩大了空间结构和极性吸引，使肉的吸水能力增强，肉汁流失减少。

（4）蛋白质降解　肉成熟时，肌肉中许多酶类对蛋白质有一定的分解作用，从而促使成熟过程中肌肉中盐溶性蛋白质的浸出性增加。伴随肉的成熟，蛋白质在酶的作用下，肽链解离，使游离的氨基增多，肉水合力增强，变得柔嫩多汁。

（5）风味改善　成熟过程中改善肉风味的物质主要有两类，一类是ATP的降解物次黄嘌呤核苷酸（IMP），另一类则是组织蛋白酶类的水解产物——氨基酸和小肽。随着成熟，肉中浸出物和游离氨基酸的含量增加，其中谷氨酸、精氨酸、亮氨酸、缬氨酸和甘氨酸较多，这些氨基酸都具有增加肉的滋味或有改善肉质香气的作用。

3. 影响肉成熟的因素与成熟控制

（1）温度　温度对嫩化速率影响很大，它们之间成正相关。在0～40℃范围内，每增加10℃，嫩化速度提高2.5倍。当温度高于60℃后，由于有关酶类蛋白变性，导致嫩化速率迅速下降，所以加热烹调就终断了肉的嫩化过程。据Dransfield等人的测试，牛肉在1℃完成80%的嫩化需10d，在10℃缩短到4d，而在20℃只需要1.5d。所以在卫生条件很好的成熟间，适当提高温度可以缩短成熟期。

（2）电刺激　在肌肉僵直发生后进行电刺激可以加速僵直发展，嫩化也随着提前，尽管电刺激不会改变肉的最终嫩化程度，但电刺激可以使嫩化加快，减少成熟所需要的时间，如一般需要成熟10d的牛肉，应用电刺激后则只需要5d。

（3）机械作用　肉成熟时，将跟腱用钩挂起，此时主要是腰大肌受牵引。如果将臀部挂起，不但腰大肌短缩被抑制，而且半腱肌、半膜肌、背最长肌短缩均被抑制，可以得到较好的嫩化效果。

（4）化学因素　许多化学物质对肉的成熟都有影响。极限pH值越高，肉愈柔软。如果屠宰前人为使糖原下降，则会获得较高的pH值，但肉成熟后易形成DFD肉，其特征为保水性高，肉质干硬，肉色发暗。高pH值成熟能提高中性蛋白水解酶的活性，使游离氨基酸增多。在最大尸僵期，往肉内注入钙盐可以促进软化。刚屠宰后注入各种化学物质如磷酸盐、氯化镁等可减少尸僵的形成量。

（5）生物学因素　蛋白酶可以促进软化。用微生物蛋白酶或植物蛋白酶也可使肉的硬度减小。目前国内外常用木瓜蛋白酶和无花果蛋白酶对肉进行嫩化处理。

三、肉的腐败

在肉的成熟过程中，如果成熟温度过高，即使没有微生物的作用，肌肉内源酶类同样可以使肌肉过度水解而产生发粘和臭味，这种现象叫肉的加深自溶。肉的加深自溶是成熟条件不良造成的，正常情况下不会发生。

肉中营养物质丰富，是微生物繁殖的良好培养基。经过成熟的肉，如果存放条件不当，则很容易被微生物污染，导致腐败变质。在正常条件下，刚屠宰的动物深层组织通常是无菌的，但在屠宰和加工过程中，肉的表面受到微生物的污染。在一开始，肉表面的微生物只有经由循环系统或淋巴系统才能穿过肌肉组织，进入肌肉深部。当肉表面的微生物数量很多，出现明显的腐败或肌肉组织的整体性受到破坏时，表面的微生物便可直接进入肉中。

肉类腐败变质时，肌肉蛋白质和脂肪过度降解，产生大量生物碱、脂肪酸等物质，往往在肉的表面产生明显的感官变化，如发黏、变色、霉变、异味等。肉变质后往往具有毒性，不再具有食用价值。

第三节　肉的品质

肉的品质反映了肉品的消费性能和潜在价值，品质较高的肉品易于被消费者接受，市场价格往往较高。肉的品质主要包括肉的色泽（颜色）、嫩度、风味、持水力、多汁性等。这些性质都与肉的形态结构、动物种类、年龄、性别、肥度、部位、宰前状态、冻结的程度等因素有关。

一、肉的颜色

肉的颜色是消费者对肉品质量的第一印象，也是消费者对肉品质量进行评价的重要依据。虽然肉的颜色并不影响肉的营养价值，但它却影响消费者的食欲和肉的商品价值。肉的颜色一般呈现深浅不一的红色，主要取决于肌肉中的色素物质——肌红蛋白和残余血液中的色素物质——血红蛋白。如果放血充分，肌红蛋白约占肉中色素的80%～90%，是决定肉色的关键物质。肌肉中肌红蛋白的含量和化学状态决定了肉的色泽，不同动物、不同肌肉的颜色深浅不一，肉色的千变万化，从紫色到鲜红色、从褐色到灰色，甚至还会出现绿色。

1. 肌红蛋白结构及其变化

肌红蛋白是一种复合蛋白质，相对分子质量在17000左右，由一条多肽链构成的珠蛋白和一个血红素组成（图1-3），血红素是决定肉色的核心部分，其中铁离子可处于还原态（Fe^{2+}）或氧化态（Fe^{3+}），铁离子的氧化还原状态及肌红蛋白与O_2结合情况是造成肉色变化的直接原因。

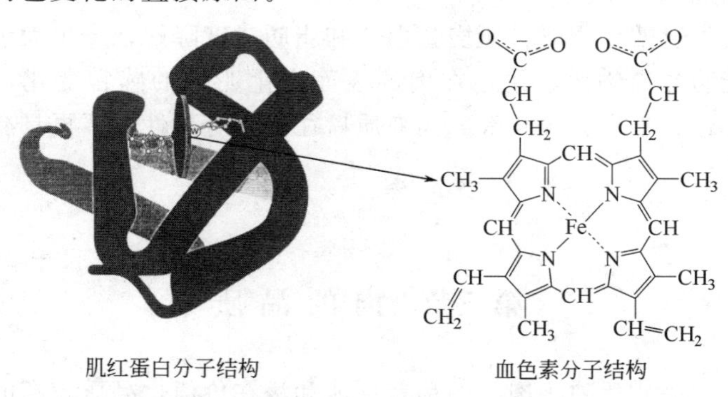

肌红蛋白分子结构　　血色素分子结构

图1-3　肌红蛋白、血色素分子结构

肌红蛋白本身是紫红色，血红素中心铁离子处于还原态，与氧结合可生成氧合肌红蛋白，为鲜红色，是新鲜肉的象征；肌红蛋白可以被氧化生成高铁肌红蛋白，呈褐色，是肉放置时间长久的象征，此时血红素中心铁离子处于氧化态；有硫化物存在时肌红蛋白还可被氧化生成硫代肌红蛋白，呈绿色，是一种异色；肌红蛋白与亚硝酸盐反应可生成亚硝基肌红蛋白，呈粉红色，是腌肉的典型色泽；肌红蛋白加热后变性形成珠蛋白与高铁血色原复合物，呈灰褐色，是熟肉的典型色泽。

肉的颜色变化是肉中的肌红蛋白与其衍生物相互转变所致。如果不采取任何措施，一般肉的颜色将经过二个转变：第一个是由紫红色转变为鲜红色，第二个是由鲜红色转变为褐色。第一个转变很快，在肉置于空气 30min 内就发生，而第二个转变快者几个小时，慢者几天。转变的快慢受环境中 O_2 分压、pH 值、细菌繁殖程度和温度等诸多因素的影响。减缓第二个转变，即由鲜红色转为褐色，是保色的关键所在。

肉品呈现的颜色取决于肌红蛋白各种形式存在的比例。一般情况下，当高铁肌红蛋白≤20％时肉仍然呈鲜红色；高铁肌红蛋白达30％时肉显示出稍暗的颜色；高铁肌红蛋白达 50％时肉呈红褐色；高铁肌红蛋白达到 70％时肉就变成褐色。因此，防止和减少高铁肌红蛋白的形成是保持肉色的关键。

2. 肌红蛋白含量及其变化

肌肉中肌红蛋白的含量是决定肉色深浅的根本因素，受动物种类、肌肉部位、运动程度、年龄、性别、动物生活环境等因素的影响。不同种的动物肌红蛋白含量差异很大，如：牛＞羊＞猪＞兔，肉颜色的深度也依次排序，牛羊肉深红，猪肉次之，兔肉就近乎于白色。同种动物不同部位肌肉肌红蛋白含量差异也很大，这与肌纤维组成有关，红肌纤维富含肌红蛋白，而白肌纤维则不然。虽然肌肉纤维组成大都为混合型，但红、白纤维比例在不同的肌肉中差异很大，最典型的是鸡腿肉和胸脯肉。鸡腿肉主要由红肌纤维组成，而鸡胸脯肉则大都由白肌纤维组成，前者红肌纤维含量是后者的5～10 倍，所以前者肉色红，后者肉色白。肌肉中肌红蛋白含量随着动物年龄增长而增多，如 5、6、7 月龄猪背最长肌肌红蛋白含量分别为0.30mg/g、0.38mg/g和0.44mg/g。在动物活体中，肌红蛋白的主要生理功能就是载氧，运动量较大的动物或运动较多部位的肌肉，需要运载较多氧气，其肌肉中肌红蛋白含量也较高，如野兔肌肉的肌红蛋白要比家兔多，不停运动的腹膜肌肌红蛋白含量比较少运动的背部肌肉多。不同性别的动物，因运动量等因素不同，肌肉肌红蛋白含量也有差异，一般公畜肌肉含有较多的肌红蛋白。此外，动物的生活环境对肌肉肌红蛋白含量影响也很大，如海洋中生活的鲸鱼需要在体内贮存大量氧气，其肌红蛋白和血红蛋白含量都很高，肉色暗红；生活在海拔较高地区的动物，肌肉中肌红蛋白含量较低海拔地区的动物高得多，宁夏等地的羊肉随年龄增长肉色明显加深，而东北地区生产的羊肉，即使是老羊肉，肉色也较浅。了解不同肌肉的肌红蛋白含量差异，对于理解肉色的差异及准确评价肉的质量具有重要参考价值。

3. 影响肉色稳定的因素

(1) 氧气分压　当新鲜肉置于空气中，肉表面肌红蛋白与氧结合生成氧合肌红蛋白，肉呈鲜红色，此过程在30min内完成，氧合肌红蛋白的形成随着氧气的渗透由肉表面向内部扩展，温度较低时，扩展较快，而高温不利于氧的渗透。随着时间的延长，氧合肌红蛋白被氧化成高铁肌红蛋白，氧气分压在666.7～933.3Pa时氧化速度最快。形成氧合肌红蛋白需要充足氧气，一般氧气分压愈高，愈有利于氧合，而将其氧化成高铁肌红蛋白只需要少量的氧，氧气分压愈低，愈有利于其氧化，氧压升高则抑制其氧化，当氧分压高于13.3kPa时，高铁肌红蛋白就很难形成。但放置在空气中的肉，即使氧的分压高于13.3kPa，由于细菌繁殖消耗了肉表面大量的氧气时，仍能形成高铁肌红蛋白。

(2) 温度　温度升高有利于细菌繁殖，从而加快肌红蛋白氧化，所以温度与肉色变深呈正相关。据测定，在−3～30℃范围内，每提高10℃，氧合肌红蛋白氧化为高铁肌红蛋白的速率提高5倍，即Q_{10}为5。

(3) 湿度　环境湿度增大时，肉表面形成水气层，影响氧的扩散，因此氧化速度变慢。如果湿度低且空气流速快，则加速高铁肌红蛋白的形成。

（4）pH 值　动物宰后肌肉 pH 下降的速度和程度对肉的颜色、系水力、蛋白质溶解性以及细菌繁殖速度等均有影响。一般肌肉 pH 匀速下降，成熟结束时 pH 值为 5.6～5.8，肉的颜色正常。肌肉 pH 下降过快可能会造成蛋白质变性、肌肉失水、肉色灰白，即产生所谓的 PSE 肉，这种肉在猪肉较为常见。肌糖原含量过低时，肌肉终 pH 偏高（＞6.0），肌肉呈深色（黑色），在牛肉中较为常见，如 DFD 肉、黑切牛肉 DCB 等；肌糖原含量过高时，肌肉终 pH 偏低（＜5.5），会产生酸肉或 RSE 肉，这种肉的颜色正常，但质地和保水性较差。此外，肌肉 pH 对血红蛋白亲氧性有较大影响，低 pH 有利于氧合血红蛋白对氧气释放。低 pH 可减弱其血色素与结构蛋白的联系，从而使其氧化加快。

（5）微生物　微生物繁殖消耗氧气，使肉表面氧分压下降，有利于高铁肌红蛋白的生成，从而加速肉色的变化。此外，微生物会分解蛋白质使肉色污浊；细菌会产生硫化氢，与肌红蛋白结合生成绿色的硫代肌红蛋白，使肉变绿；污染霉菌，则在肉表面形成白色、红色、绿色、黑色等色斑或发生荧光。

（6）腌制　由于氧气在食盐溶液中的溶解度很低，以食盐为主的腌制剂会降解肌肉中的氧气浓度，加速肌红蛋白氧化形成高铁肌红蛋白，对保持肉色不利。在腌制剂中加入硝酸盐或亚硝酸盐后，可以在酸性环境中与肌红蛋白反应形成鲜艳的亚硝基肌红蛋白。该物质与空气中的氧气接触会变成灰绿色，但加热后变为稳定的亚硝基血色原，呈粉红色。酸性环境、高温和还原剂如葡萄糖、抗坏血酸或异抗坏血酸、烟酰胺等有利于亚硝基肌红蛋白的形成，但磷酸盐会导致肌肉 pH 升高而降低硝酸盐或亚硝酸盐的发色效果。

（7）其他因素

① 光线　光线照射可以激活金属氧化酶，长期光线照射使肉表面温度升高，细菌繁殖加快，从而促进高铁肌红蛋白的形成，使

肉色变暗。

② 冷冻　快速冷冻的肉颜色较浅，主要是由于快速冷冻形成的冰晶小，光线透过率低；而慢速冷冻形成冰晶大，光线折射少，吸收率高，肉呈深红色。

③ 电刺激和辐照　用电刺激对牛羊肉进行嫩化处理可以改善肉的色泽，使肉色更加鲜艳；辐照保鲜处理也会使肉色更加鲜亮。

④ 包装　包装方式通过影响肉中的氧气浓度而影响肉的色泽。真空包装使肌红蛋白还原，肌肉呈紫红色，充气包装可通过调节氧气浓度而保持肉的色泽。

⑤ 抗氧化剂　抗氧化剂如维生素 E、维生素 C 等可以防止肌红蛋白被氧化成高铁肌红蛋白，并促进高铁肌红蛋白向氧合肌红蛋白转变，可以有效延长肉色的保持时间。

4. 异质肉色

(1) 黑切牛肉及 DFD 肉　黑切牛肉具有肉色发黑、pH 值偏高、质地硬、系水力高、氧的穿透能力差等特征。应激是产生黑切牛肉的主要原因，任何使牛应激的因素都在不同程度上影响黑切牛肉的发生。黑切牛肉容易发生于公牛，一般防范措施是减少应激，如上市前给予较好的饲养，尽量减少运输时间，长途运输后要及时补饲，注意分群，避免打斗、爬跨等现象。

DFD 肉主要是动物宰前长期处于紧张状态，使肌糖原含量减少所致。糖酵解的终产物是乳酸，由于它的积累使肌肉 pH 值在 4～24h 内从 6.8 下降到 5.5 左右。当 pH 低于 5.6 时肌肉线粒体的摄氧功能被抑制。受应激的动物肌糖原消耗较多，没有足够的糖原经糖酵解产生乳酸使 pH 值下降到 5.6 以下。一般 1g 肌肉中需要 100μmol 乳酸才能使 pH 值下降至 5.5，应激动物肌肉只能产生 40μmol 的乳酸，使 pH 值降到 6.0 左右。这样肌肉中的线粒体摄氧功能不能被抑制，大量的氧被线粒体摄去，肉表面氧气浓度很低，抑制了氧合肌红蛋白的形成，肌红蛋白大都以紫色的还原形式存在，使肉色发黑。

(2) PSE 肉　PSE 即灰白、柔软和多渗出水的意思。1954 年首先在丹麦发现并命名。PSE 肉发生的原因也是动物应激，但其机理与 DFD 肉不同，是由肌肉 pH 值下降过快造成的。PSE 肉常发生在一种对应激敏感并产生综合征的猪上，即 PSS（porcine stress syndrome 的缩写）猪。PSS 猪对氟烷敏感，可通过氟烷测定将此类型猪检出。

二、肉的嫩度

肉的嫩度又叫肉的柔软性，指肉在食用时口感的老嫩，反映了肉的质地，由肌肉中各种蛋白质的结构特性决定。肉嫩的度与肉的硬度（肉的弹性）相对应。通常用剪切力评定肉嫩度，一般在 2.5～6.0kg 之间，低于 3.2kg 时较为理想。肉的嫩度是评价肉食用品质的指标之一，在评价牛肉、羊肉的食用品质时，嫩度指标最为重要。

1. 肉嫩度决定因素

肉的嫩度本质上反映的是切断一定厚度的肉块所需要的力量。肉在切割过程中会受到肌纤维、结缔组织、脂肪等肌肉结构的阻力，取决于肌纤维直径、肌纤维密度、肌纤维类型、肌纤维完整性、肌内脂肪含量、结缔组织含量、结缔组织类型及交联状况等因素的状况，这些因素及影响这些因素变化的内在和外在因素都会直接或间接地影响肉的嫩度。

（1）肌纤维　不同种类和不同部位的肉肌纤维在类型、直径、密度等方面差异很大，因此肉的嫩度也有很大差别。对同一品种、同一部位的肌肉而言，肌纤维直径越粗，单位面积内肌纤维数量越多，切断一定肌肉块所需要的力量越大，肉的嫩度也就越差；红肌纤维的肌原纤维数量少且细，比白肌纤维易于切割，因此，在不考虑结缔组织的影响时，红肌纤维比例越大，肉的嫩度往往越好。

（2）结缔组织　结缔组织具有较大的韧性和弹性，难以咀嚼或切割，因此，肌肉中结缔组织含量越高，肉的嫩度就越差。结缔组织随着动物年龄的增长，内部交联增多，溶解性下降，强度也增大。交联是导致胶原纤维溶解性下降和强度增大的主要原因，肌肉中含不溶性胶原纤维的结缔组织越多，肉就会越老。

（3）肌内脂肪含量　脂肪组织易于切断，一般情况下，肉的嫩度随肌内脂肪含量增而提高，但脂肪过高时，结缔组织含量也会增大，因此，随着肌内脂肪含量增加，肉的嫩度增大到一定值时就不再增加，甚至下降。从外观上肌内脂肪含量表现为肌肉的大理石花纹丰富程度，肉的大理石花纹越丰富，肌内脂肪含量也越高，肉的嫩度往往较大。在牛、羊肉的品质评定中，肌肉大理石花纹丰富度是判断肉品质量的重要指标。

（4）其他决定因素　经过成熟处理的肉的嫩度与肌肉中钙激活中性蛋白酶系统的活性有关。肌肉中钙激活中性蛋白酶的活性越高，则成熟后肉的嫩度越大。肌肉中的盐类浓度对肉的嫩度也有重要影响。Ca^{2+}是钙激活中性蛋白酶的激活剂，肌肉中Ca^{2+}浓度越高，则肉的嫩度越大；相反，Zn^{2-}抑制钙激活中性蛋白酶的活性，Zn^{2+}浓度升高，则肉的嫩度下降。

2. 影响肉嫩度的因素

影响肉嫩度的因素很多，宰前和宰后因素对肉的嫩度都有重要影响。宰前影响因素主要有动物种和品种、饲养管理、性别和年龄、肌肉部位等；宰后因素主要有温度、成熟、嫩化处理及烹饪方式等。

（1）物种、品种及性别　动物种类或品种不同，体格大小、肌肉组成等都存在一定差异，肉的嫩度也不同。一般来说，畜禽体格越大其肌纤维越粗大，肉质也越老，如猪和鸡肉一般比牛肉嫩度大，瘤牛肉不如黄牛肉嫩度大。

（2）饲养管理　肉中结缔组织较少的动物，放养的畜禽肉的嫩度和风味较好，而肌肉中结缔组织较多的动物，如牛，舍饲时肉的嫩度比较好。采用高能量高蛋白日粮饲养，动物生长速度快，肉的嫩度较好。通常，粗饲料喂养的动物肉质嫩度不如精料喂养的动物。在饲料中添加生长促进剂后，动物肌纤维增粗，肉的嫩度下降。

（3）性别和年龄　一般情况下，公畜的肉较粗糙。如公牛肉的嫩度变化较大，通常低于母牛肉，但公母牛肉都比阉牛肉嫩度差。猪肉的情况也大致相同。

动物年龄越小，肌纤维越细，结缔组织的成熟交联越少，肉也越嫩。随着年龄增长，结缔组织成熟交联增加，肌纤维变粗，肉的嫩度下降。

（4）肌肉部位　肌肉的生长部位不同，其肌纤维类型构成、活动量、结缔组织和脂肪含量、蛋白酶活性等均不相同，嫩度也因此存在很大的差别。一般来说运动多、负荷大的肌肉嫩度较差，如腿部肌肉就比腰部肌肉老。通常以腰大肌嫩度最好。

（5）温度　动物屠宰后的肌肉收缩程度与温度关系密切。不同种类的肉对温度的收缩反应不同，猪肉4℃左右和牛肉16℃左右时肌肉收缩较少，温度过高或过低都可能发生收缩。温度过低发生冷收缩，温度过则可能发生热收缩，两种情况肉的嫩度都较差。

（6）成熟　新鲜肉经过加热会导致肌肉剧烈收缩，嫩度很差，而尸僵期的肉肌肉处于收缩状态，嫩度最差，它们都不能作为酱卤肉制品的原料肉。原料肉一般肉都要经过成熟处理。

经过成熟的肉嫩度明显改善，这是因为钙激活中性蛋白酶在熟化过程中降解了一些关键性蛋白质，破坏了原有肌肉结构的支持体系，使结缔组织变得松散、纤维状细胞骨架分解、Z线断裂，从而导致肉的牢固性下降，肉就变得柔嫩。

（7）烹调加热　在烹调加热过程中，随着温度升高，蛋白质发生变性，肉的嫩度也相应发生改变。烹调加热方式影响肉的嫩度，一般烤肉嫩度较好，而煮制肉的嫩度取决于煮制温度。煮肉时达到中心温度60～80℃肉的嫩度保持较好，随温度升高嫩度下降，但高温高压煮制时，由于完全破坏了肌肉纤维和结缔组织结构，肉的嫩度反而会大大提高。

3. 肉的人工嫩化措施

肉的嫩化方法很多，物理法、化学法和生物学方法都能达到使肉嫩化的目的，但各种方法的适用范围、嫩化效果各不相同，在生产和生活中可以根据实际情况选择应用。

(1) 酶法　由于蛋白酶可以水解肌肉蛋白质，因此，在肌肉中加入蛋白酶可以起到嫩化效果。目前已开发出多种以蛋白酶为主要功能成分的肉嫩化剂，有粉状、溶液，还有气雾液等。嫩肉剂常用的蛋白酶为木瓜蛋白酶、菠萝蛋白酶和无花果蛋白酶，另外，微生物源蛋白酶、胰蛋白酶等也有很好嫩化效果。

(2) 电刺激　对刚屠宰后的动物胴体进行电刺激可以改善肉的嫩度，这主要是因为电刺激引起肌肉痉挛性收缩，导致肌纤维结构破坏，同时电刺激加速肌肉的代谢速率，使肌肉尸僵加速，防止了冷收缩，并使成熟时间缩短。电刺激主要用于改善牛羊肉的嫩度，而对猪肉的嫩化效果并不明显。

(3) 醋渍法　将肉在酸性溶液中浸泡可以改善肉的嫩度。据试验，溶液 pH 介于 4.1～4.6 时嫩化效果最佳，用酸性红酒和醋来浸泡肉较为常见，它不但可以改善嫩度，还可增加肉的风味。

(4) 压力法　给肉施加高压可以破坏肉的肌纤维中亚细胞结构，使大量 Ca^{2+} 释放，同时释放出织蛋白酶，一些结构蛋白被水解，从而导致肉的嫩化。

(5) 钙盐嫩化法　在肉中添加外源 Ca^{2+} 可以激活钙激活中性蛋白酶，从而加速肉的成熟，使肉达到正常嫩度所需要的成熟时间缩短至一天，并提高来源于不同个体或部位的肌肉嫩度的均一性。钙盐嫩化法通常以 $CaCl_2$ 为嫩化剂，使用时配制成 150～250mg/kg 的水溶液，用量为肉重的 5%～10%，采取肌肉注射、浸渍腌制等方法进行处理，都可以取得良好的嫩化效果。尽管 $CaCl_2$ 嫩化法对肉的嫩化效果很好，但浓度过高或用量过大时肉呈现苦味和金属味，肉的色泽变得不均匀，并且在存放过程中肉色容易加深。

(6) 碱嫩化法　这是一种起源于中国烹饪业的肉类嫩化方法。用肉重 0.4%～1.2%的碳酸氢钠或碳酸钠溶液对牛肉等进行注射或浸泡腌制处理，可以显著提高肉的 pH 值和保水能力，降低烹饪损失，改善熟肉制品的色泽，促使结缔组织加热变性，而提高肌原纤维蛋白对加热变性的敏感度，显著改善肉的嫩度。

(7) 其他嫩化法　腌制促使肌球蛋白溶出，提高了肉的胶凝能力和保水性能，肉的嫩度也相应提高；采用机械滚揉、斩拌或嫩肉机破坏肉的物理结构，是目前较为常见的改善肌肉嫩度的工业化生产方法，尤其是在西式肉制品加工中，是不可缺少的关键加工处理工序。

4. 肉的嫩度评定

对肉嫩度的主观评定主要根据其柔软性、易碎性和可咽性来判定。柔软性即舌头和颊接触肉时产生触觉，嫩肉感觉软糊而老肉则有木质化感觉；易碎性，指牙齿咬断肌纤维的容易程度，嫩度很好的肉对牙齿无多大抵抗力，很容易被嚼碎；可咽性可用咀嚼后肉渣剩余的多少及吞咽的容易程度来衡量。对肉的嫩度进行主观评定需要经过培训并且有经验的专业评审人员，往往误差较大。

对肉嫩度的客观评定是借助于仪器来衡量切断力、穿透力、咬力、剁碎力、压缩力、弹力和拉力等指标，而最通用的是切断力，又称剪切力。即用一定钝度的刀切断一定粗细的肉所需的力量，以千克为单位。一般来说肉的剪切力值大于 4kg 时就比较老了，难以被消费者接受。这种方法测定方便，结果可比性强，所以是最为常用的肉嫩度评定方法。

三、肉的风味

肉的风味由肉的滋味和香气组合而成，成分极其复杂，熟肉中发现的与风味有关的物质已超过 1000 种。滋味的呈味物质是非挥发性的，主要靠人的舌面味蕾（味觉器官）感觉，经神经传导到大脑反应出味感。香气的呈味物质主要是挥发性的芳香物质，主要靠人的嗅觉细胞感受，经神经传导到大脑产生芳香感觉，如果是异味物，则会产生厌恶感和臭味的感觉。生肉一般只有咸味、金属味和血腥味。当肉加热后，风味前体物质相互作用生成各种呈味物质，赋予肉以滋味和芳香味。这些物质主要是通过美拉德反应、脂质氧化和一些物质的热降解这三种途径形成。

各种肉的基本组成相似，包括蛋白质、脂肪、碳水化合物等，是风味物质主要来源，加上烹调方法具有共同性，所以无论来于何种动物的肉均具有一些共性的呈味物质。不同来源的肉也其独特的风味，如牛、羊、猪、禽肉有明显特征。肉的风味差异主要来自于脂肪的氧化，这是因为不同种动物脂肪酸组成明显不同所致。一些异味物质如羊膻味和公猪腥味主要来自于脂肪酸和激素代谢产物。

1. 滋味呈味物质

滋味呈味物质主要由水溶性小分子和盐类组成，肉中的滋味呈味物质主要来源于蛋白质和核酸的降解产物、糖、有机酸、矿物盐类离子等，包括游离氨基酸、小肽、核苷酸、单糖、乳酸、磷酸、氯离子等，其中游离氨基酸和核苷酸是肉类中最主要的滋味呈味物质。除矿物盐类离子外，鲜肉中滋味呈味物质主要以其前体物的形式存在，因此，鲜肉除咸味外没有明显的鲜味。鲜肉经过发酵成熟或热加工处理后，风味前体物降解产生大量滋味呈味物质，呈现出肉类特有的鲜味。从表 1-9 可看出肉中的一些非挥发性物质与肉滋味的关系，其中甜味来自于葡萄糖、核糖和果糖等；咸味来自于一系列无机盐和谷氨酸盐及天门冬氨酸盐；酸味来自于乳酸和谷氨酸等；苦味来自于一些游离氨基酸和肽类；鲜味来自于谷氨酸钠（MSG）及次黄嘌呤核苷酸（IMP）等。另外 MSG、IMP 和一些肽类除给肉以鲜味外，同时还有增强以上四种基本味的作用。

肉的滋味除决定于滋味呈味物质的浓度和感觉阈值外，肉的 pH 值和呈味物质之间的互作也有重要影响。环境酸度过高或过低都会影响肉的滋味，通常肉中的游离氨基酸和小肽都有很强的缓冲作用，这对肉的滋味呈现具有重要作用。

表 1-9　肉的滋味呈味物质

滋味	化合物
甜	葡萄糖、果糖、核糖、甘氨酸、丝氨酸、苏氨酸、赖氨酸、脯氨酸、羟脯氨酸
咸	无机盐、谷氨酸钠、天冬氨酸钠
酸	天冬氨酸、谷氨酸、组氨酸、天冬酰胺、琥珀酸、乳酸、二氢吡咯羧酸、磷酸
苦	肌酸、肌酐酸、次黄嘌呤、鹅肌肽、肌肽、其他肽类、组氨酸、精氨酸、蛋氨酸、缬氨酸、亮氨酸、异亮氨酸、苯丙氨酸、色氨酸、酪氨酸
鲜	MSG、5′-IMP、5′-GMP、其他肽类

2. 香味呈味物质

香味呈味物质由挥发性小分子有机物组成，主要来源于加工过程中肌肉蛋白质、脂类和维生素等物质降解产物的次级氧化及美拉德反应等，种类极其复杂，包括醛、酮、醇、酸、烃、酯、内酯及吡嗪、呋喃、含硫化合物等。生肉不具备芳香性，烹调加热后，一些芳香风味前体物经脂肪氧化、美拉德反应以及硫胺素降解产生挥发性物质，赋予熟肉芳香性。据测定，90%的芳香物质来自于脂质反应，其次是美拉德反应，硫胺素降解产生的风味物质比例最小。虽然后两者反应所产生的风味物质在数量上不到10%，但它们对肉风味的影响很大。

研究发现，硫化物占牛肉总芳香物质的20%，是牛肉风味形成的主要物质；羊肉含的羟酸高于其他肉类；醛和酮是禽肉中主要的挥发性物质；腌猪肉则会有较多的醇和醚，这可能与其烟熏有关。与风味芳香有关的物质很多，多达1000种。近来的研究发现，起决定性作用的可能主要有十几种，其中2-甲基-3-呋喃硫醇、糠基硫醇、3-巯基-2-戊酮和甲硫醛等被认为是肉的基本风味物质。除牛肉以外，其他肉的风味形成是在此基础上增加脂肪氧化产物。禽肉风味受脂肪氧化产物影响最大，其中最主要的有2(*E*),4(*E*)癸-二烯醛、2-十一醛、2,4-癸二烯醛，以及其他不饱和醛类。纯正的牛肉和猪肉风味来自于瘦肉，受脂肪影响很小，牛肉的呈味物质主要来自于硫氨素降解，代表了肉的基本风味。羊肉膻味来自于4-乙基辛酸和4-甲基辛酸等支链脂肪酸和其他短链脂肪酸。

3. 风味物质产生途径

(1) 美拉德反应　将生肉汁加热或将氨基酸和戊糖一起加热可以产生肉香味，通过测定成分的变化发现，在加热过程中随着大量的氨基酸和还原糖的消失，一些风味物质随之产生，这就是所谓的美拉德反应，即氨基酸和还原糖之间的产香、生色反应。此反应较复杂，步骤很多，在大多数生物化学和食品化学书中均有叙述，此处不再逐一列出。该反应在70℃以上条件下进行较快，对酱卤肉制品的风味形成起重要作用。

（2）脂质氧化　脂质氧化是产生风味物质的主要途径，不同种类风味的差异也主要是由于脂质氧化产物不同所致。肉在烹调时的脂肪氧化（加热氧化）原理与常温脂肪氧化相似，但加热氧化由于热能的存在使其产物与常温氧化大不相同。总的来说，常温氧化产生酸败味，而加热氧化产生风味物质。一些脂肪酸氧化后继续参与美拉德反应生成更多的芳香物质，因为美拉德反应只需要羰基和氨基，脂肪加热氧化产生的各种醛类为其提供了大量的底物。

（3）硫胺素降解　肉在烹调过程中有大量的物质发生降解，其中硫胺素（维生素 B_1）降解所产生的 H_2S（硫化氢）对肉的风味，尤其是对牛肉味的生成至关重要。H_2S 本身是一种呈味物质，更重要的是它可以与呋喃酮等杂环化合物反应生成含硫杂环化合物，赋予肉强烈的香味，其中 2-甲基-3-呋喃硫醇被认为是肉中最重要的芳香物质。

（4）酶促反应　在成熟、腌制、发酵等过程中，内源及外源蛋白酶和脂酶对肌肉蛋白质、脂类作用，产生小肽、游离氨基酸、游离脂肪酶等小分子化合物，它们不仅本身是重要的滋味呈味物质，同时也是重要的风味的前体物，易于参与美拉德反应或被氧化产生香味呈味物质。因此，对于干腌和发酵类肉制品而言，酶促反应是重要的风味物质形成反应。

（5）腌肉风味　亚硝酸盐是腌肉的主要特色成分，它除了具有发色作用外，对腌肉的风味也有重要影响。亚硝酸盐（具有抗氧化作用）抑制了脂肪的氧化，所以腌肉体现了肉的基本滋味和香味，减少了脂肪氧化所产生的具有种类特色的风味以及过热味。

四、肉的保水性

肉的保水性又称系水力或持水力，指当肌肉受到外力作用时保持其原有水分与添加水分的能力。所谓的外力指压力、切碎、冷冻、解冻、贮存、加工等。衡量肌肉保水性的指标主要有持水力、失水力、贮存损失、滴水损失、蒸煮损失等，滴水损失是描述生鲜肉保水性最常用的指标，一般在 0.5％～10％之间，最高达 15％～

20％，最低0.1％，平均在2％左右。

肉的保水性是评价肉质的重要指标之一，它不仅直接影响肉的滋味、香气、多汁性、营养成分、嫩度、颜色等食用品质，而且具有重要的经济意义。利用肌肉的系水潜能，在加工过程中可以添加水分，提高产品出品率。如果肌肉保水性能差，就会因肌肉失水而造成巨大经济损失。

1. 肉保水性机理

肌肉中水分含量在75％左右，占据肌肉组织80％的容积空间。这些水分以结合水、不易流动水和自由水三种状态存在。其中不易流动水占80％，存在于细胞内部，是决定肌肉保水性的关键部分；结合水存在于细胞内部，与蛋白质密切结合，基本不会失去，对肌肉保水性没有影响；自由水主要存在于肌细胞间隙，在外力作用下很容易失去。肉的保水性取决于肌细胞结构的完整性、蛋白质的空间结构。肉在加工、贮藏和运输过程中，任何因素导致肌细胞结构的完整性破坏或蛋白质收缩，都会引起肉的保水性下降。

对于生鲜肉而言，通常宰后24h内形成的汁液损失很小，可忽略不计，一般用宰后24～48h的滴水损失来表示鲜肉保水性的大小。据研究，肌肉渗出的汁液中细胞内、外液的组成比例大约为10∶1，可见，肌细胞膜有完整性是受到破坏导致肌肉汁液渗漏是保水性下降的根本原因，但造成肌肉保水性下降的具体机制，目前还不完全清楚。近年来的研究表明，肌肉保水性下降的可能机制主要有以下几个方面：①细胞膜脂质氧化、冻结形成的冰晶物理破坏或其他原因引起的细胞膜成分降解，导致细胞膜完整性破坏，为细胞内液外渗提供了便利条件；②成熟过程中细胞骨架蛋白降解破坏了细胞内部微结构之间的联系，当内部结构发生收缩时产生较大空隙，细胞内液被挤压在内部空隙中，游离性增大，容易外渗造成汁液损失；③温度和pH变化引起肌肉蛋白收缩、变性或降解，持水能力下降，在外力作用下内汁外渗造成汁液损失。

2. 肉保水性影响因素

影响肌肉保水性的因素很多，宰前因素包括品种、年龄、宰前运输、囚禁和饥饿、营养水平、身体状况等。宰后因素主要有屠宰工艺、胴体贮存、尸僵开始时间、成熟、肌肉部位、脂肪厚度、pH 值变化、蛋白质水解酶活性和细胞结构等，以及加工条件如切碎、盐渍、加热、冷冻、融冻、干燥、包装等。

（1）动物种类、品种与基因型　动物种类或品种不同，其肌肉化学组成明显不同，肌肉的保水性也受到影响。通常肌肉中蛋白质含量越高，其系水力也越强。不同种类动物肌肉的保水性有明显差别。一般情况下，兔肉的系水力最好，其次为猪肉、牛肉、羊肉、禽肉、马肉。不同品种的动物，其肌肉保水性也有差异，一般来说，瘦肉型猪肉的保水性不如地方品种猪，在常见的品种猪中，巴克夏和杜洛克猪的肉质和保水性较好，而皮特兰和长白猪的肉保水性较差。

在影响猪肉品质的众多基因中，氟烷基因和 RN 基因对保水性影响最大，它们都导致肌肉 pH 偏低、肌肉保水性很差，但前者使宰后早期肌肉 pH 降低，形成 PSE 肉，后者是使终 pH 低于正常值，形成 RSE 肉（即酸肉）。

（2）性别、年龄与体重　性别对肌肉保水性的影响因动物种类而异，对牛肉保水性的影响较大，而对猪肉保水性无明显影响。肌肉保水性随动物年龄和体重增加而下降，比较而言，体重比年龄对保水性的影响更大。

（3）肌肉部位　运动量较大的部位，其肌肉保水性也越好。安藤四郎等研究表明：猪的冈上肌保水性最好，其余依次是胸锯肌＞腰大肌＞半膜肌＞股二头肌＞臀中肌＞半键肌＞背最长肌。

（4）饲养管理　用低营养水平或低蛋白日粮饲养的动物，肌肉保水性较差；在提高日粮中维生素 E、维生素 C 和硒水平，可以维护肌细胞膜的完整性，降低肌肉滴水损失；在饲料中添加镁和铬可以降低 PSE 肉发生率，添加肌酸也可能有此作用，但增加钙浓度作用与此相反；屠宰前在动物日粮中添加淀粉、蔗糖等易吸收的碳水化合物会使肌肉滴水损失增大，在饲养后期提高日粮中蛋白质水平或在日粮中添加共轭亚油酸和 n-3、n-6 系多不饱和脂肪酸浓度有利于提高肉的保水性。

（5）宰前运输与管理　运输时间和运输期间的禁食对动物都是一种应激，较强的应激易导致 PSE 肉的发生，长时间应激还会诱发 DFD 肉。候宰期间采用电驱赶、增加动物运动量或候宰间环境条件差对动物是重要的应激，可能会破坏和抑制动物的正常生理机能，肌肉运动加强，肌糖原迅速分解，肌肉中乳酸增加，ATP 大量消耗，使蛋白质网状结构紧缩，肉的保水性降低。宰前应激可增加宰后早期胴体温度和 pH 的下降速率，是诱发 PSE 和 RSE 肉的关键因素，因此，候宰期间应尽量避免使用电刺。

（6）屠宰　屠宰季节影响肉的保水性，春、夏季屠宰的猪，胴体容易形成 PSE 肉，背最长肌滴水损失较高。宰前禁食降低肌糖原含量，使肌肉终 pH 值升高，降低肉的滴水损失，但禁食时间过长会加深肉色，宰前禁食 12～18h 较为适宜。

致昏方式对肉的保水性有重要影响，电致昏引起肌肉收缩，保水性下降，高低频结合电致昏处理可减轻致昏对肉质的影响。CO_2 致昏能大幅度降低 PSE 肉的发生率，提高肉的品质。

缩短致昏与戳刺的时间间隔可以减少应激，降低 PSE 肉发生率。动物悬挂放血，肌肉会产生收缩，加速糖酵解，促进 PSE 肉的发生；水平放血则可以降低 PSE 肉的发生，提高肉的保水性。此外，由于屠宰车间温度较高，胴体应在 20～25min 内离开屠宰线进入冷却间，胴体运送和加工速度缓慢会增大 PSE 肉发生率。

（7）pH 值　正常猪肉的终 pH 值在 5.6～5.8 之间，牛肉在 5.8～6.0 之间，此时肉的保水性处于正常范围。肌肉 pH 值偏低会导致肌肉收缩，甚至蛋白质变性，肉的保水性下降。pH 对系水力影响的实质是蛋白质分子的净电荷效应。蛋白质分子所带有的净电荷对系水力有双重意义：一是净电荷是蛋白质分子吸引水分的强有力中心，二是净电荷增加蛋白质分子之间的静电斥力，使结构松散开，留下容水的空间。当净电荷下降，蛋白质分子间发生凝聚紧缩，系水力下降。肌肉 pH 接近蛋白质等电点时（pH 5.4），正电荷和负电荷基数接近，肌肉的系水力也最低。处于尸僵期的肉，

pH 与肌肉蛋白质的等电点接近，因此保水性很差，不适宜于加工。

（8）冷却与冻结　冷却的目的是尽快散失胴体热量，降低胴体温度，控制微生物繁殖，对肉的保水性也有重要影响。冷却速率低则糖降解加快，猪肉滴水损失增多；加快冷却速度可以降低肌肉 pH 值的下降速率，减少肌球蛋白的变性和汁液流失，并降低 PSE 肉发生率。但冷却速度过快也可能引起肌肉的冷收缩，对肌肉的持水性不利，如牛肉－35℃条件下冷却 10h，汁液流失率 7.4%，而正常情况下只有 3.37%。

冻结形成的冰晶会破坏肉的结构和肌细胞膜的完整性；肉在冻藏过程中，温度波动会加速冰晶生长和盐类浓缩，肉的保水性下降，解冻后造成大量汁液损失。冻结速度直接影响冻肉解冻后的保水性能。在不引起冷收缩的情况下，冻结速率越快，解冻损失就越少。

（9）金属离子　肌肉中含有 K^+、Na^+、Ca^{2+}、Mg^{2+}、Zn^{2+}、Fe^{2+} 等多种金属离子，它们以结合或游离状态存在，对肉的保水性影响很大。大部分 Ca^{2+} 与肌动蛋白结合，对肌肉中肌动蛋白具有强烈作用；Mg^{2+} 对肌动蛋白的亲和性则小，但对肌球蛋白亲和性较强。Fe^{2+} 与肉的结合极为牢固，与保水性关系不大。在肌肉中添加磷酸盐等除去 Ca^{2+} 和 Mg^{2+}，可使肌肉蛋白的网状构造分散开，保水性增加。K^+ 含量与肉的保水性呈负相关，而 Na^+ 含量增多使保水性增强。

（10）腌制剂

① 食盐　一定浓度的食盐具有增强肌肉保水能力的作用。这主要是因为肌原纤维在一定浓度食盐存在下，大量氯离子被束缚在肌原纤维间，增加了负电荷引起的静电斥力，导致肌原纤维膨胀，使保水力增强。另外，食盐提高了离子强度，使大量肌纤维蛋白质溶出，加热时形成凝胶将水分和脂肪包裹起来，使肉的保水性提高。食盐浓度在 4.6%～5.8%时保水性最强。

② 磷酸盐　添加磷酸盐能够显著提高肉的保水性，主要原因

如下：磷酸盐可以提高肌肉pH值，偏离肌球蛋白等电点；磷酸盐结合肌肉蛋白质中的Ca^{2+}、Mg^{2+}，解离出与其结合的蛋白质，使蛋白质结构松弛；磷酸盐较低浓度下就具有较高的离子强度，提高肌球蛋白的溶解度；焦磷酸盐和三聚磷酸盐可将肌动球蛋白解离成肌球蛋白和肌动蛋白；聚磷酸盐对肌球蛋白变性有一定的抑制作用。这些作用，都能够从不同方面改善肉的保水性。因此，磷酸盐是重要的肌肉保水剂。

（11）其他因素　贮藏与运输过程中温度波动是造成生鲜肉保水性下降的重要原因，改善肉的贮藏和运输条件对保持肉的系水力至关重要。

胴体劈半工艺、分割方式和分割技艺对肉的保水性也有重要影响。劈半工具不良、劈半或分割技术不高，都会不同程度地破坏肌肉结构，增大肉的汁液损失。与常见的冷分割方式相比，热分割会降低工人劳动强度，但容易引起肌肉蛋白变性而导致汁液损失增加。

在肉中添加碳酸盐等碱性物质也可以提高肉的保水性；在加工过程中添加非肉蛋白或食用胶等可以增强肉的保水性能；低温卤煮有利于降低肉的蒸煮损失。

五、肉的多汁性

多汁性也是肉食用品质的一个重要指标，尤其对肉的质地影响较大，据测算，10%～40%肉质地的差异是由多汁性好坏决定的。多汁性评定较可靠的方法是主观评定，现在尚没有较好的客观评定方法。

1. 主观评定方法

对多汁性较为可靠的评测方法仍然是人为的主观感觉（口感）评定。对多汁性的评判可分为四个方面：一是开始咀嚼时肉中释放出的肉汁多少；二是咀嚼过程中肉汁释放的持续性；三是在咀嚼时刺激唾液分泌的多少；四是肉中的脂肪在牙齿、舌头及口腔其他部位的附着给人以多汁性的感觉。

多汁性是一个评价肉食用品质的主观指标，与它对应的指标是口腔的用力度、嚼碎难易程度和润滑程度，多汁性和以上指标有较好的相关性。

2. 影响因素

（1）肉中脂肪含量　在一定范围内，肉中脂肪含量越多，肉的多汁性越好。因为脂肪除本身产生润滑作用外，还刺激口腔释放唾液。脂肪含量多少对重组肉的多汁性尤为重要，据 Berry 等测定：脂肪含量为 18%和 22%的重组牛排远比含量为 10%和 14%的重组牛排多汁。

（2）烹调　一般烹调结束时温度愈高，多汁性愈差，如加热到 60℃结束的牛排就比加热到 80℃的牛排多汁，而后者又比加热到 100℃的牛排多汁。Bower 等人仔细研究了肉内温度从 55℃到 85℃阶段肉的多汁性变化，发现多汁性下降主要发生在两个温度范围，一个是 60～65℃，另外一个是 80～85℃。

（3）加热速度和烹调方法　不同的烹调方法对肉的多汁性有较大影响，同样将肉加热到 70℃，采用烘烤方法肉最为多汁，其次是蒸煮，然后是油炸，多汁性最差的是加压烹调。这可能与加热速度有关，加压和油炸速度最快，而烘烤最慢。另外，在烹调时若将包围在肉上的脂肪去掉将导致多汁性下降。

（4）肉制品中的可榨出水分　生肉的多汁性较为复杂，其主观评定和客观评定相关性不强，而肉制品中可榨出水分能够较为准确地用来评定肉制品的多汁性，尤其是香肠制品，两者呈较强的正相关。

第二章　肉品加工的辅料及添加剂

肉制品加工生产过程中，为了改善和提高肉制品的感官特性及品质，延长肉制品的保存期和便于加工生产，常需添加一些其他可食性物料，这些物料称为辅料或添加剂。正确使用辅料和添加剂，对提高肉制品的质量和产量，增加肉制品的花色品种，提高其营养价值和商品价值，保障消费者的身体健康具有重要意义。

世界上使用的食品添加剂约有 4000 多种，常用的也有 600 多种。由于各国和联合国所规定的食品添加剂的定义各不相同，因此所规定的食品添加剂的分类方法及种类亦各不相同。按照食品添加剂的来源可以分为天然食品添加剂与化学合成食品添加剂两大类，目前使用的大多属于化学合成食品添加剂。天然食品添加剂是利用动、植物或微生物的代谢产物等为原料，经提取所得的天然物质。化学合成添加剂是通过化学手段，使元素或化合物发生包括氧化、还原、缩合、聚合、成盐等反应所得到的物质。目前我国国家标准《食品添加剂使用卫生标准 GB 2760—1996》允许使用的食品用香料共 574 种，在该标准的基础上每年有不同的增补品种，到 2008 年 6 月 1 日正式实施的《食品添加剂使用卫生标准 GB 2760—2007（征求意见稿）》中，增加了食品添加剂的使用原则；食品分类系统；结合食品分类系统，调整了部分食品添加剂的品种、使用范围和最大使用量；增加了可在各类食品中按生产需要适量使用的添加剂名单，以及按生产需要适量使用的添加剂所例外的食品类别名单等。其中列入的天然食品香料有 329 种，天然等同的食品香料有 1007 种，人造食品香料 194 种。

尽管肉制品加工中常用的辅料和添加剂种类很多，但大体上可分为三类，即调味料、香辛料和添加剂。辅料和添加剂的广泛应用，带来了肉制品加工业的繁荣，同时引起了一些社会问题。在肉制品加工的辅助材料中，有少数物质对人体具有一定的副作用，所以生产者必须认真研究和合理使用。

第一节　调　味　料

调味料是指为了改善食品的风味，能赋予食品特殊味感（咸、甜、酸、苦、鲜、麻、辣等），使食品鲜美可口、引人食欲而添加入食品中的天然或人工合成的物质。

一、咸味料

1．食盐

食盐的主要成分是氯化钠，味咸、中性、呈白色细晶体。肉品加工中一般不用粗盐，因含有较多的钙、镁、铁的氯化物和硫酸盐等杂质，会影响制品的质量和风味。食盐具有调味、防腐保鲜、提高保水性和粘着性等重要作用。高钠盐食品会导致高血压，新型食盐代用品可以考虑用钾盐（氯化钾）代替钠盐。在《食品添加剂使用卫生标准 GB 2760—2007（征求意见稿）》中允许使用的盐及代盐制品中有氯化钾和亚铁氰化钾（钠），亚铁氰化钾（钠）的最大使用量为 0.01g/kg（以亚铁氰根计）。但简单地降低钠盐用量及部分用氯化钾代替，食品味道不佳。新型食盐代用品 Zyest 在国外已配制成功并大量使用。该产品属酵母型咸味剂，可使食盐的用量减少一半以上，甚至 90%，并同食盐一样具有防腐作用，现已广泛用于面包、饼干、香肠、沙司、人造黄油等食品。日本广岛大学也研制了一种不含钠但有咸味的人造食盐，是由与鸟氨酰和甘氨酸化合物类似的 22 种化合物合成，并加以改良后制备而成，称其为鸟氨酰牛磺酸，味道很难与食盐区别。现已投入生产，但售价比食盐高 50 倍。因此该部分有待深入研究与开发，以期更加适合实际生产使用。

2. 酱油

酱油是我国传统的调味料，优质酱油咸味醇厚，香味浓郁。根据焦糖色素的有无，酱油分为有色酱油和无色酱油。肉制品加工中宜选用酿造酱油，浓度不应低于22°Bé，食盐含量不超过18%。酱油的作用主要是增鲜增色，改良风味。在中式肉制品中广泛使用，使制品呈美观的酱红色并改善其口味。在香肠等制品中，还有促进发酵成熟的作用。

二、甜味料

1. 蔗糖

蔗糖是常用的天然甜味剂，其甜度仅次于果糖。白糖、红糖都是蔗糖。肉制品中添加少量蔗糖可以改善产品的滋味，并能促进胶原蛋白的膨胀和疏松，使肉质松软、色调良好。糖比盐更能迅速、均匀地分布于肉的组织中，增加渗透压，形成乳酸，降低pH值，有保鲜作用。当蛋白质与碳水合物同时存在时，微生物首先利用碳水化合物，这就减轻了蛋白质的腐败。蔗糖添加量在0.5%～1.5%为宜。

2. 葡萄糖

葡萄糖为白色晶体或粉末，甜度略低于蔗糖。葡萄糖除可以在味道上取得平衡外，还可形成乳酸，有助于胶原蛋白的膨胀和疏松，从而使制品柔软。另外葡萄糖的保色作用较好，而蔗糖的保色作用不太稳定。肉品加工中葡萄糖的使用量为0.3%～0.5%。

3. 饴糖

饴糖由麦芽糖（50%）、葡萄糖（20%）和糊精（30%）组成。味甜爽口，有吸湿性和黏性，在肉品加工中常作为烧烤、酱卤和油炸制品的增色剂和甜味助剂。

三、酸味料

1. 食醋

食醋是以谷类及麸皮等经过发酵酿造而成，含醋酸3.5%以上，是肉和其他食品常用的酸味料之一。食醋为中式糖醋类风味产品的主要调味料，如与糖按一定比例配合，可形成宜人的甜酸味。因醋酸具有挥发性，受热易挥发，故适宜在产品出锅时添加，否则，将部分挥发而影响酸味。醋酸还可与乙醇生成具有香味的乙酸乙酯，故在糖醋制品中添加适量的酒，可使制品具有浓醇甜酸、气味扑鼻的特点。醋可以促进食欲，帮助消化，亦有一定的防腐去膻腥作用。

2. 柠檬酸及其钠盐

柠檬酸及其钠盐不仅是调味料，国外还作为肉制品的改良剂。如用氢氧化钠和柠檬酸盐等混合液来代替磷酸盐，提高pH值至中性，也能达到提高肉类持水性、嫩度和成品率的目的。

四、增味剂

增味剂亦称风味增强剂，指能补充或增强食品原有风味的物质，主要是增强食品的鲜味，故又称为鲜味剂。

我国国家标准《食品添加剂使用卫生标准 GB 2760—2007（征求意见稿）》中可以使用的增味剂有谷氨酸钠、5′-鸟苷酸二钠、5′-肌苷酸二钠、5′-呈味核苷酸二钠、甘氨酸、L-丙氨酸等。主要用于各类食品及调味料等，其使用量按“正常生产需要”而定。

1. 谷氨酸钠

谷氨酸钠亦称谷氨酸一钠，俗称味精或味素，无色至白色柱状结晶或结晶性粉末，无臭，具特有的鲜味，略有甜味或咸味。加热至120℃时失去结晶水，大约在270℃发生分解。在pH值为5以下的酸性和强碱性条件下会使鲜味降低。在肉品加工中，一般用量为0.02%～0.15%。对酸性强的食品，可比普通食品多加20%左右。除单独使用外，宜与肌苷酸钠和核糖核苷酸之类核酸类调味料配成复合调味料，以提高效果。

2. 5′-鸟苷酸二钠

亦称鸟苷酸钠，无色至白色结晶或结晶性粉末，是具有很强鲜味的5′-核苷酸类鲜味剂。有特殊香菇鲜味，鲜味程度约为肌苷酸钠的三倍以上，与谷氨酸钠合用有很强的相乘效果。亦与肌苷酸二钠混合配制成呈味核苷酸二钠，作混合味精用。鸟苷酸钠的水溶液在pH值2～14范围内稳定。加热30～60min几乎无变化，250℃时分解。

3. 5′-肌苷酸二钠

亦称肌苷酸钠或肌苷酸二钠，也为鲜味极强的5′-核苷酸类鲜味剂，是白色或无色的结晶或结晶性粉末，性质比谷氨酸钠稳定。在一般食品加工条件下（pH值为4～7）、100℃加热1h无分解现象，230℃左右时分解。与L-谷氨酸钠合用对鲜味有相乘效应。肌苷酸钠有特殊强烈的鲜味，其鲜味比谷氨酸钠大约强10～20倍。一般均与谷氨酸钠、鸟苷酸钠等合用，配制混合味精，以提高增鲜效果。使用5′-肌苷酸二钠时，应先对物料加热，破坏磷酸酯酶活性后再加5′-肌苷酸二钠，以防止肌苷酸钠因被磷酸酯酶分解而失去鲜味。

4. 核糖核苷酸二钠

又叫核糖核苷酸钠，由核糖核苷酸二钠（占90%以上）和5′-肌苷酸二钠、5′-鸟苷酸二钠、5′-胞苷酸二钠及5′-尿苷酸二钠混合而成。核糖核苷酸二钠为白色至几乎白色结晶或粉末，与L-谷氨酸钠有相乘鲜味效果。核糖核苷酸二钠一般与L-谷氨酸钠混合后广泛用于各种食品，加入量约占L-谷氨酸钠的2%～10%。

五、料酒

黄酒和白酒是多数中式肉制品必不可少的调味料，主要成分是乙醇和少量的脂类。它可以去除膻味、腥味和异味，并有一定的杀菌作用，赋予制品特有的醇香味，使制品回味甘美，增加风味特色。黄酒应色黄澄清、味醇，含酒精12°以上。白酒应无色透明、味醇。在生产腊肠、酱卤等肉制品时，都要加入一定量的酒。

第二节 香 辛 料

传统肉制品加工过程中常用由多种香辛料（未粉碎）组成的料包经沸水熬煮出味或同原料肉一起加热使之入味。现代化西式肉制品则多用已配制好的混合型香料粉（如五香粉、麻辣粉、咖喱粉等）直接添加到制品原料中；若混合型香料粉经过辐照，则细菌及其孢子数大大降低，制品货架寿命会大大延长；对于经注射腌制的肉块制品，需使用萃取性单一或混合液体香辛料。这种预制香辛料使用方便、卫生，是今后发展趋势。

一、香辛料的种类

香辛料是一类能改善和增强食品香味和滋味的食品添加剂，故又叫增香剂。

现在香辛料多以植物体原来的新鲜、干燥或粉碎状态使用，称其为天然香辛料。天然香辛料易受虫害和细菌的污染，因而又有以蒸馏、抽提等分离出与天然物质相类似的成分，制成液体香辛料。但液体香辛料多不易溶于水，难以均匀混合，因而又把液体香辛料制成水包油型乳化香辛料。将乳化香辛料喷雾干燥后经被膜包埋即成固态香辛料。

香辛料的辛味比较强，依其具有辛辣和芳香气味的程度，可分为辛辣性和芳香性香辛料两种。辛辣性香辛料有胡椒、花椒、辣椒、芥子、蒜、姜、葱和桂皮等。芳香性香料主要有丁香、麝香草、肉豆蔻、小茴香、八角、荷兰芹和月桂叶等。

香辛料的成分很复杂，应用时必须依据食品种类、所达到的目的不同而注意科学配用。应用时需注意相互效果相乘作用提高，相抵效果减弱。天然香辛料用量通常为0.3％～1.0％，也可根据肉的种类或人们的嗜好稍有增减。

二、香辛料的特性及使用

1. 非提取天然香辛料

肉品加工中最常用的天然香辛料主要有葱、姜、蒜、胡椒、花椒、八角、茴香、丁香、桂皮、月桂叶等。

(1) 葱　属百合科多年生草本植物，有大葱、小(香)葱、洋葱等。葱的香辛味主要成分为硫醚类化合物，如烯丙基二硫化物，具有强烈的葱辣味和刺激性。洋葱煮熟后带甜味。葱可以解除腥膻味，促进食欲，并有开胃消食以及杀菌发汗的功能。

(2) 蒜　蒜为百合科多年生宿根草本植物大蒜的鳞茎，含有强烈的辛辣味，其主要成分是蒜素，即挥发性的二烯丙基硫化物。因其有强烈的刺激气味和特殊的蒜辣味，以及较强的杀菌能力，故有压腥去膻、增加肉制品蒜香味以及刺激胃液分泌、促进食欲和杀菌的功效。

(3) 姜　姜属姜科多年生草本植物，主要利用地下膨大的根茎部，具有独特强烈的姜辣味和爽味。其辣味及芳香成分主要是姜油酮、姜烯酚和姜辣素以及柠檬醛、姜醇等。具有去腥调味、促进食欲、开胃驱寒和减腻解毒的功效。在肉品加工中常用于酱卤、红烧罐头等的调香料。

(4) 胡椒　胡椒分黑胡椒和白胡椒两种。黑胡椒是球形果实在成熟前采集，经热水短时间浸泡后，不去皮阴干而成。白胡椒是成熟的果实经热水短时间浸泡后去果皮阴干而成。因果皮挥发成分含量较多，故黑胡椒的风味大于白胡椒，但白胡椒的色泽好。

胡椒的辛辣味成分主要是胡椒碱、佳味碱和少量的嘧啶。胡椒性辛温，味辣香，具有令人舒适的辛辣芳香，兼有除腥臭、防腐和抗氧化作用。在我国传统的香肠、酱卤、罐头及西式肉制品中广泛应用。

胡椒一般用量为 0.2%～0.3%。因芳香气易于在粉状时挥发出来，故胡椒以整粒干燥密闭贮藏为宜，并于食用前碾成粉。

(5) 花椒　花椒亦称山椒，红褐色，我国特产，主产于四川、陕西、云南等地。以四川雅安、阿坝、西昌和秦岭产品质量最好，特称为“川椒”、“蜀椒”或“秦椒”，尤以汉源县所产的“正路椒”为上品。花椒果皮含辛辣挥发油及花椒油香烃等，主要成分为柠檬烯、香茅醇、萜烯、丁香酚等，辣味主要是山椒素。

在肉品加工中，整粒多供腌制肉制品及酱卤汁用；粉末多用于调味和配制五香粉。使用量一般为0.2%～0.3%。花椒不仅能赋予制品适宜的辛辣味，而且还有杀菌、抑菌等作用。

（6）辣椒　辣椒含有0.02%～0.03%的辣椒素，具有强烈的辛辣味和香味，除作调味品外，还具有抗氧化和着色作用。

（7）芥末　芥末有白芥和黑芥两种。白芥子中不含挥发性油，其主要成分为白芥子硫苷，遇水后，由于酶的作用而产生具有强烈刺鼻辣味的二硫化白芥子苷、白芥子硫苷油等物质。黑芥子含挥发性精油0.25%～1.25%，其中主要成分为黑芥子糖苷或黑芥子酸钾，遇水后，产生异硫氰酸丙烯酯及硫酸氢钾等刺鼻辣味的物质。

芥末具有特殊的香辣味，其用量按正常生产需要使用。

（8）八角　八角又名大茴香、八角茴香或大料，果实含精油2.5%～5.0%，其中以茴香脑为主（80%～85%），即对丙烯基茴香醛；另有蒎烯、茴香酸等。有独特浓烈的香气；性温，味辛微甜。有去腥防腐的作用。其使用量按正常生产需要使用。

（9）小茴香　小茴香亦称小茴香籽或甜小茴香籽、小茴，俗称茴香，含精油3%～4%，主要成分为茴香脑和茴香醇，占50%～60%，另有小茴香酮及莰烯、d-α-蒎烯等。气味芳香，其功效和使用同八角。

（10）丁香（丁子香）　丁香含精油17%～23%，主要成分为丁香酚，另含乙酸丁香酚、石竹烯（丁香油烃）等。乙酸丁香酚为丁香花蕾的特有香味，有特殊浓郁的丁香香气；味辛麻微辣，兼有桂皮香味。对肉类、焙烤制品、沙拉调味料等兼有抗氧化、防霉作用。但丁香对亚硝酸盐有消色作用，使用时应注意。

丁香按正常生产需要使用。

（11）肉桂（中国肉桂）　肉桂系樟科植物肉桂的树皮及茎部表皮经干燥而成。桂皮含精油1.0%～2.5%，主要成分为桂醛，约占80%～95%，另有甲基丁香酚、桂醇等。按正常生产需要使用。

（12）山柰　山柰又叫三柰、沙姜，为姜科多年生草本植物地下块状根茎，盛产于广东、广西、云南、台湾等地。山柰呈圆形或尖圆形，直径1～2cm，表面褐色，皱缩不干，断面白色，有粉性，质脆易折断，含有龙脑、樟脑油、肉桂酸乙酯等成分，具有较醇浓的芳香气味，有去腥提香、调味的作用。按正常生产需要使用。

（13）豆蔻　豆蔻又叫白豆蔻、圆豆蔻、小豆蔻。种子含精油2%～8%，主要成分为桉叶素、醋酸萜品酯等。有浓郁的温和香气，味带辛味而味苦，略似樟脑，有清凉佳适感。按正常生产需要使用。肉豆蔻含精油5%～15%，其主要成分为α-蒎烯、β-蒎烯、d-莰烯（约80%）等。皮和仁有特殊浓烈芳香气，味辛，略带甜、苦味。有暖胃止泻、止吐镇呃等功效，亦有一定抗氧化作用。

（14）砂仁　砂仁又叫缩砂仁、春砂仁，含香精油3%～4%，具有樟脑油的芳香味。有温脾止呕、化湿顺气和健胃的功效。按正常生产需要使用。

（15）草果　草果含有精油、苯酮等，味辛辣。起抑腥调味的作用。按正常生产需要使用。

（16）白芷　白芷根因含白芷素、白芷醚等香豆精化合物，有特殊的香气，味辛。按正常生产需要使用。

（17）陈皮　陈皮即橘皮，含有挥发油，主要成分为柠檬烯、橙皮苷、川陈皮素等。有强烈的芳香气，味辛苦。按正常生产需要使用。

（18）荜拨　荜拨有调味、提香、抑腥的作用；有温中散寒、下气止痛之功效。按正常生产需要使用。

（19）姜黄　姜黄粉末为黄棕色至深黄棕色。其色素溶于乙醇，不溶于冷水、乙醚。碱性溶液呈深红褐色，酸性时呈浅黄色。耐光性差，耐热性、耐氧化性较佳。染色性佳。遇正铁盐、钼、钛等金属离子，从黄色转变为红褐色。姜黄含精油1%～5%，主要成分为姜黄酮、姜烯等；商品中一般含姜黄素1%～5%，非挥发性油约2.4%，淀粉50%。有特殊香味，香气似胡椒。有发色、调香的作用。按正常生产需要使用。

（20）甘草　甘草主要成分为甘草甜素（6%～14%）、甘草亭、甘草苦苷等，另含蔗糖、葡萄糖、甘露糖醇等。

（21）月桂叶　月桂叶含精油1%～3%，主要成分为桉叶素，约占40%～50%。此外，尚有丁香酚、α-蒎烯等。有近似玉树油的清香香气，略有樟脑味，与食物共煮后香味浓郁。肉制品加工中常用作矫味、增香料。

（22）麝香草　麝香草又叫百里香，含精油1%～2%，主要成分为百里香酚24%～60%、香芹酚等。有特殊浓郁香气，略苦，稍有刺激味。具有去腥增香的良好效果，兼有抗氧化、防腐作用。

（23）鼠尾草　鼠尾草约含精油2.5%，其特殊香味主要成分为侧柏酮，此外有龙脑、鼠尾草素等。主要用于肉类制品，亦可作沙拉调味料。

2. 配制香辛料

配制香辛料种类很多，此仅介绍咖喱粉和五香粉。

（1）咖喱粉　是一种混合性香辛料，以姜黄、白胡椒、芫荽子、小茴香、桂皮、姜片、辣根、八角、花椒等配制研磨成粉状而成。色呈鲜艳黄色，味香辣。咖喱牛肉干和咖喱肉片等都以它作调味料。宜在菜肴、制品临出锅前加入。咖喱粉应放置干燥通风处，切忌受潮，发霉变质，失去食用价值。

配方一：

芫荽子粉	5%	辣椒粉	10%
小豆蔻粉	40%	胡芦巴子粉	40%
姜黄粉	5%		

配方二（份）：

芫荽子粉	16	肉豆蔻	0.5
白胡椒	1	茴香	0.5
辣椒	0.5	芹菜子	0.5
姜黄	1.5	小豆蔻	0.5
姜	1	滑榆	4

配方三（份）

芫荽子	70	桂皮	4
精盐	12	香椒	4
黄芥子	8	肉豆蔻	1
辣樟	3	芹菜子	1
姜黄	8	胡芦巴子	1
黑胡椒	4	莳萝子	1

(2) 五香粉

配方一（份）：

八角	1	五加皮	1
小茴香	3	丁香	0.5
桂皮	1	甘草	3

配方二（份）：

花椒	4	甘草	12
小茴香	16	丁香	4
桂皮	4		

配方三（份）：

花椒	5	小茴香	5
八角	5	桂皮	5

配方四（份）：

八角	5.5	桂皮	0.8
山柰	1	白胡椒	0.3
甘草	0.5	姜粉	1.5
砂仁	0.4		

3. 天然香料提取制品

天然香料提取制品是由芳香植物不同部位的组织（如花蕾、果实种子、根、茎、叶、枝、皮或全株）或分泌物，采用蒸汽蒸馏、压榨、冷磨、萃取、浸提、吸附等物理方法而提取制得的一类天然香料。因制取方法不同，可制成不同的制品，如精油、酊剂、浸膏、油树脂等。

三、人造香料

人造香料是指仅含有单一香成分的某种化学物质。其来源有两种：一是从天然香料精油等中分离而得的单离成分，二是通过合成途径制备而成的某种化合物，即合成香料。

人造香料摆脱了原来香型的局限，有的香型更加强烈，有的甚至于具有原来香料（精油）所不具备的香型。如从香茅油中单离所得的香叶醇，具有香茅油所不具备的玫瑰花香；茴香醇呈花香香气和山渣香味等。人造香料除少数品种（香兰素、苯甲醛即人造苦杏仁油）外，一般不单独使用于食品的加香，多用数种乃至数十种香料和稀释剂等调和配成食用香精后使用。目前，大多数食用香精为果香型香精，其中使用最广泛的是橘子、柠檬、香蕉、菠萝、杨梅等五大类，亦有一些其他香型的香精，如奶油香精和香草香精等。

第三节　添　加　剂

添加剂是指食品在生产加工和贮藏过程中加入的少量物质。添加这些物质有助于改善产品的色、香、味、形，保持食品的新鲜度和质量，并满足加工工艺过程的需求，使食品品种多样化。肉品加工中使用的添加剂，根据其目的不同大致可分以下几种：发色剂、发色助剂、防腐剂、抗氧化剂和其他品质改良剂等。

一、发色剂

1. 硝酸盐

硝酸盐是无色结晶或白色结晶粉末，易溶于水。将硝酸盐添加到肉制品中，硝酸盐在微生物的作用下，最终生成 NO，后者与肌红蛋白生成稳定的亚硝基肌红蛋白络合物，使肉制品呈现鲜红色，因此把硝酸盐称为发色剂。

2. 亚硝酸钠

亚硝酸钠是白色或淡黄色结晶粉末，亚硝酸钠除了防止肉品腐败，提高保存性之外，还具有改善风味、稳定肉色的特殊功效，此功效比硝酸盐还要强，所以在腌制时与硝酸钾混合使用，能缩短腌制时间。亚硝酸盐用量要严格控制。我国《食品添加剂使用卫生标准 GB 2760—2007（征求意见稿）》中对硝酸钠和亚硝酸钠的使用量与《食品添加剂使用卫生标准》（GB 2760—1996）的规定一致，内容如下。

使用范围：肉类罐头，肉制品。最大使用量：硝酸钠 0.5g/kg，亚硝酸钠 0.15g/kg。

最大残留量（以亚硝酸钠计）：腌腊肉制品类不得超过 70mg/kg；肉类罐头不得超过 50mg/kg；肉制品不得超过 30mg/kg。

二、发色助剂

肉发色过程中亚硝酸被还原生成 NO，但是 NO 的生成量与肉的还原性有很大关系。为了使之达到理想的还原状态，常使用发色助剂。肉制品中常用的发色助剂有抗坏血酸和异抗坏血酸及其钠盐、烟酰胺、葡萄糖、葡萄糖酸内酯等。

1. 抗坏血酸、抗坏血酸钠

抗坏血酸即维生素 C，具有很强的还原作用，但是对热和重金属极不稳定，因此一般使用稳定性较高的钠盐，肉制品中的使用量为 0.02%～0.05%。

2. 异抗坏血酸、异抗坏血酸钠

异抗坏血酸是抗坏血酸的异构体，其性质与抗坏血酸相似，发色、防止退色及防止亚硝胺形成的效果几乎相同。

3. 烟酰胺

烟酰胺与抗坏血酸钠同时使用形成烟酰胺肌红蛋白，使肉呈红色，并有促进发色、防止退色的作用。

目前世界各国在生产肉制品时，都非常重视抗坏血酸的使用，其最大使用量为 0.1%，一般为 0.02%～0.05%。另外，腌制剂中加谷氨酸会增加抗坏血酸的稳定性。而抗坏血酸对热或重金属极不稳定，所以一般用稳定性好的钠盐。因为抗坏血酸有还原作用，即使硝酸盐的添加量少也能使肉呈粉红色。

三、着色剂

着色剂亦称食用色素，系指为使食品具有鲜艳而美丽的色泽，改善感官性状以增进食欲而加入的物质。食用色素按其来源和性质分为食用天然色素和食用合成色素两大类。

食用天然色素主要是由动、植物组织中提取的色素，包括微生物色素。食用天然色素中除藤黄对人体有剧毒不能使用外，其余的一般对人体无害，较为安全。

食用合成色素亦称合成染料，属于人工合成色素。食用人工合成色素多以煤焦油为原料制成，成本低廉，色泽鲜艳，着色力强，色调多样，但大多数对人体健康有一定危害且无营养价值，因此，在肉品加工中一般不宜使用。我国《食品添加剂使用卫生标准》规定允许使用的食用色素主要有红曲米、紫胶色素、焦糖、姜黄、辣椒红素和甜菜红等。截止 1998 年底，经国家批准允许生产和使用的着色剂共 69 种，其中化学合成着色剂 21 种，天然着色剂 48 种。

1. 人工着色剂（化学合成着色剂）

人工着色剂常用的有苋菜红、胭脂红、柠檬黄、日落黄、亮蓝等。人工着色剂在使用限量范围内使用是安全的，其色泽鲜艳、稳定性好，适于调色和复配。价格低廉是其优点，但安全性仍是问题。

2. 天然着色剂

天然着色剂是从植物、微生物、动物可食部分用物理方法提取精制而成。天然着色剂的开发和应用是当今世界发展趋势，如在肉制品中应用愈来愈多的焦糖色素、红曲红、高粱红、栀子黄、姜黄色素等。天然着色剂一般价格较高，稳定性稍差，但比人工着色剂安全性高。

红曲红是以大米为原料，采用红曲霉液体深层发酵工艺和特定的提取技术生产的粉状纯天然食用色素，其工业产品具有色价高、色调纯正、光热稳定性强、pH 值适应范围广、水溶性好，同时具一定的保健和防腐功效。肉制品中用量为50～500mg/kg。

高粱红是以高粱壳为原料，采用生物加工和物理方法制成，有液体制品和固体粉末两种，属水溶性天然色素，对光、热稳定性好，抗氧化能力强，与天然红等水溶性天然色素调配可成紫色、橙色、黄绿色、棕色、咖啡色等多种色调。肉制品中使用量视需要而定。

四、品质改良剂

1. 磷酸盐

磷酸盐已普遍地应用于肉制品中，以改善肉的保水性能。我国《食品添加剂使用卫生标准 GB 2760—2007（征求意见稿）》中规定可用于肉制品的磷酸盐有：焦磷酸钠（最大使用量5.0g/kg）、磷酸三钠（最大使用量3.0g/kg）、三聚磷酸钠（最大使用量5.0g/kg）和六偏磷酸钠（最大使用量5.0g/kg）等。

磷酸盐对鲜肉或者腌制肉的加热过程中增加保水能力的作用是肯定的。磷酸盐能结合肌肉蛋白质中的Ca^{2+}、Mg^{2+}，使蛋白质的羧基被解离出来，由于羰基间负电荷的相互排斥作用使蛋白质结构松弛，提高了肉的保水性。在较低的浓度下就具有较高的离子强度，使处于凝胶状态的球状蛋白质的溶解度显著增加，提高肉的保水性。而在肉制品中使用磷酸盐，除了可以提高保水性、增加出品率外，还对提高结着力、弹性和赋形性等均有作用。各种磷酸盐混合使用比单独使用好，混合的比例不同，效果也不同。在肉品加工中，用量过大会导致产品风味恶化，组织粗糙，呈色不良。《食品添加剂使用卫生标准 GB 2760—2007（征求意见稿）》规定焦磷酸钠、磷酸三钠、三聚磷酸钠和六偏磷酸钠的最大使用量分别为5.0g/kg、3.0g/kg、5.0g/kg和5.0g/kg，磷酸三钠如果与其他磷酸盐复合使用，残留量以磷酸根计不得超过1.0g/kg。

焦磷酸盐溶解性较差，因此在配制腌液时要先将磷酸盐溶解后再加入其他腌制料。此外，使用磷酸盐可能使腌制肉制品表面出现结晶，这是焦磷酸钠形成的。预防结晶的出现可以通过减少焦磷酸钠的使用量。

2. 淀粉

最好使用变性淀粉。它们是由天然淀粉经过化学或酶处理等而使其物理性质发生改变，以适应特定需要而制成的淀粉。变性淀粉一般为白色或近白色无臭粉末。变性淀粉不仅能耐热、耐酸碱，还有良好的力学性能，是肉类工业良好的增稠剂和赋形剂。其用量一般为原料的 3%～20%。优质肉制品用量较少，且多用玉米淀粉。淀粉用量过多，会影响肉制品的黏着性、弹性和风味。

3. 大豆分离蛋白

肉品加工常用的大豆蛋白种类包括粉末状大豆蛋白、纤维大豆蛋白和粒状大豆蛋白。粉末状大豆分离蛋白有良好的保水性。当浓度为 12%时，加热的温度超过 60℃，黏度就急剧上升，加热至 80～90℃时静置、冷却，就会形成光滑的沙状胶质。这种特性，使大豆分离蛋白进入肉组织时，能改善肉的质地。此外，大豆蛋白还有很好的乳化性。

粒状及纤维大豆蛋白的特性与粉末状大豆蛋白不同，都具有强热变性的组织结构。具有保水性、保油性和肉粒感。其中纤维状大豆蛋白，特别对防止烧煮收缩有很大效果，用在汉堡牛肉馅饼中效果很好。

4. 卡拉胶

卡拉胶是天然胶质中唯一具有蛋白质反应性的胶质。它能与蛋白质形成均一的凝胶，主要成分为易形成多糖凝胶的半乳糖、脱水半乳糖，主要有 κ、ι、λ 型，分子中心含硫酸根，多以 Ca^{2+}、Na^{+}、NH_4^{+} 等盐的形式存在，可保持自身重量 10～20 倍的水分。在肉馅中添加 0.6%时，即可使肉馅保水率从 80%提高到 88%以上。

由于卡拉胶能与蛋白质结合，形成巨大的网络结构，可保持制品中的大量水分，减少肉汁的流失，并且具有良好的弹性、韧性。卡拉胶还具有很好的乳化效果，稳定脂肪，表现出很低的离油值，从而提高制品的出品率。另外，卡拉胶能防止盐溶性蛋白及肌动蛋白的损失，抑制鲜味成分的溶出。

5. 酪蛋白

酪蛋白具有明显的酸性，等电点为4.6。酪蛋白能与肉中的蛋白质结合形成凝胶，从而提高肉的保水性。在肉馅中添加2%时，可提高保水率10%；添加4%时，可提高16%，如与卵蛋白、血浆等并用效果更好。酪蛋白在形成稳定的凝胶时，可吸收自身重量5～10倍水分。用于肉制品时，可增加制品的粘着性和保水性，改进产品质量，提高出品率。多用于午餐肉、灌肠等制品，同时也常作为营养补剂使用。

6. 小麦面筋

不像其他植物或谷物如燕麦、玉米、黄豆等蛋白，小麦面筋具有胶样的结合性质，可以与肉结合，蒸煮后，其颜色比以往肉中添加的面粉深，还会产生膜状或组织样的黏结物质，类似结缔组织。在结合碎肉时，裂缝几乎看不出来，就像蒸煮猪肉本身的颜色。一般是将面筋与水或与油混合成浆状物后涂于肉制品表面；另一种方法是首先把含2%琼脂的水溶液加热，再加2%的明胶，然后冷却，再加大约10%的面筋。这种胶体可通过滚揉或通过机械直接涂擦在肌肉组织上，此法尤其适于肉间隙或肉裂缝的填补。肉中一般添加量为0.2%～5.0%。

另外，在肉品加工中，特别是一些高档肉制品，亦有使用鸡蛋、蛋白、脱脂乳粉、血清粉、卵磷脂和黄豆粉（蛋白）等作增稠剂、乳化剂和稳定剂，既能增稠又能乳化、保水，但成本较高。

五、抗氧化剂

抗氧化剂有油溶性抗氧化剂和水溶性抗氧化剂两大类。油溶性抗氧化剂能均匀地分布于油脂中，对油脂或含脂肪的食品可以很好地发挥其抗氧化作用。人工合成的油溶性抗氧化剂有丁基羟基茴香醚（BHA）、二丁基羟基甲苯（BHT）、没食子酸丙酯（PG）等；天然的有生育酚（维生素E）混合浓缩物等。水溶性抗氧化剂主要有L-抗坏血酸及其钠盐、异抗坏血酸及其钠盐等；天然的有植物

（包括香辛料）提取物如茶多酚、异黄酮类、迷迭香抽提物等。多用于对食品的护色（助色剂），防止氧化变色，以及防止因氧化而降低食品的风味和质量等。肉制品在贮藏期间因氧化变色、变味而导致其货架寿命缩短是肉类工业一个突出的问题，因此高效、廉价、方便、安全的抗氧化剂亟待开发。

1. 油溶性抗氧化剂

BHA 是呈白色或微黄色的蜡状固体或白色结晶粉末，有较强的抗氧化作用，还有相当强的抗菌力。与其他抗氧化剂相比，它不像没食子酸酯类那样会与金属离子作用而着色，有使用方便的特点；但成本较高，是目前国际上广泛应用的抗氧化剂之一。BHT 呈白色或无色结晶粉末或块状，抗氧化作用较强，耐热性好，没有与金属离子反应着色的缺点，也没有 BHA 的特异臭味，价格低廉，但其毒性相对较高，它是目前国际上特别是在水产品加工方面广泛应用的廉价抗氧化剂。PG 呈白色或浅黄色晶状粉末，无臭、微苦，对热稳定，其对脂肪、奶油的抗氧化作用较 BHA 或 BHT 强，三者混合使用时效果最佳，若同时加增效剂柠檬酸则抗氧化作用更强。天然维生素 E 有 α、β、γ 等七种异构体。α-生育酚由食用植物油制得，是目前国际上唯一大量生产的天然抗氧化剂，本品为黄色至褐色几乎无臭的澄清黏稠液体，对热稳定，维生素 E 的抗氧化作用比 BHA、BHT 的抗氧化力弱，但毒性低得多，也是食品营养强化剂。

2. 水溶性抗氧化剂

L-抗坏血酸及其钠盐有极强的还原性，是一种良好的还原剂与抗氧化剂，抗坏血酸并可作为 α-生育酚的增效剂。异抗坏血酸及其钠盐为抗坏血酸及其钠盐的异构体，极易溶于水，其作用及使用量均同抗坏血酸及其钠盐。茶多酚、异黄酮类、迷迭香抽提物等天然抗氧化剂正在研究与开发中。

六、防腐剂

防腐剂是一类具有杀死微生物或抑制微生物生长繁殖，以防止食品腐败变质，延长食品保存期的物质。防腐保鲜剂分化学防腐剂和天然保鲜剂，防腐保鲜剂经常与其他保鲜技术结合使用。

1. 化学防腐剂

化学防腐剂主要是各种有机酸及其盐类。肉类保鲜中使用的有机酸包括乙酸、甲酸、柠檬酸、乳酸及其钠盐、抗坏血酸、山梨酸及其钾盐、磷酸盐等。许多试验已经证明，这些酸单独或配合使用，对延长肉类货架期均有一定效果。其中使用最多的是乙酸、山梨酸及其钾盐，乳酸钠和磷酸盐等。

（1）乙酸　1.5%的乙酸就有明显的抑菌效果，在3%范围以内，因乙酸的抑菌作用，减缓了微生物的生长，避免了霉斑引起的肉色变黑变绿。当浓度超过3%时，对肉色有不良作用，这是由酸本身造成的。国外研究表明，用0.6%乙酸加0.046%蚁酸混合液浸渍鲜肉10s，细菌数大为减少，且能保持其风味，对色泽几乎无影响。如单独使用3%乙酸处理，可抑菌，但对色泽有不良影响。采用3%乙酸＋3%抗坏血酸处理时，由于抗坏血酸的护色作用，肉色可保持很好。在酱卤肉制品中双乙酸钠的最大使用量为3.0g/kg。

（2）乳酸钠　乳酸钠的使用目前还很有限。美国农业部（USDA）认为乳酸钠是安全的，最大使用量高达4%。乳酸钠的防腐机理有两个：乳酸钠的添加可减低产品的水分活性；乳酸根离子对乳酸菌有抑制作用，从而阻止微生物的生长。目前，乳酸钠主要应用于禽肉的防腐。

（3）山梨酸钾　山梨酸又叫花楸酸，是丁烯醛和丙酮反应制得，为无色针状结晶或白色结晶粉末，稍有刺激性。因其在水中溶解度较低，一般多用其钾盐。钾盐为白色或淡黄色鳞片状结晶。山梨酸钾在肉制品中的应用很广，属酸性防腐剂，在pH4.5以下对霉菌，酵母和需氧菌抑菌效果最佳。但对厌气菌与嗜酸乳杆菌几乎无效。其防腐效果随pH值的升高而降低，适宜在pH5～6以下的范围使用。它能与微生物酶系统中的硫基结合，破坏许多重要酶系，达到抑制微生物增殖和防腐的目的。山梨酸钾在鲜肉保鲜中可单独使用，也可和磷酸盐、乙酸结合使用。使用时不要接触铜，铁等金属，以免发生腐蚀和发生颜色改变。山梨酸人体每日允许摄入量（ADI）为0～25mg/kg体重（以山梨酸计）。在酱卤肉制品中山梨酸及其钾盐使用时，以山梨酸计，我国允许的最大使用量0.075g/kg。山梨酸1g相当于山梨酸钾1.33g。1%的山梨酸钾水溶液pH值为7～8，有使食品的pH值升高的倾向，应于适当注意。

（4）磷酸盐　磷酸盐作为品质改良剂发挥其防腐保鲜作用。磷酸盐可明显提高肉制品的保水性和粘着性，利用其螯合作用延缓制品的氧化酸败，增强防腐剂的抗菌效果。

2. 天然保鲜剂

天然保鲜剂一方面安全上有保证，另一方面更符合消费者的需要。目前国内外在这方面的研究十分活跃，天然防腐剂是今后防腐剂发展的趋势。

（1）茶多酚　主要成分是儿茶素及其衍生物，它们具有抑制氧化变质的性能。茶多酚对肉品防腐保鲜以三条途径发挥作用：抗脂质氧化、抑菌、除臭味物质。

（2）香辛料提取物　许多香辛料中如大蒜中的蒜辣素和蒜氨酸，肉豆蔻所含的肉豆蔻挥发油，肉桂中的挥发油以及丁香中的丁香油等，均具有良好的杀菌、抗菌作用。

（3）细菌素　应用细菌素如Nisin对肉类保鲜是一种新型的技术。Nisin是由乳酸链球菌合成的一种多肽抗菌素，为窄谱抗菌剂。它只能杀死革兰阳性菌，对酵母、霉菌和革兰阴性菌无作用，Nisin可有效阻止肉毒杆菌的芽孢萌发。它在保鲜中的重要价值在于它针对的细菌是食品腐败的主要微生物。

七、营养强化剂

使用食品营养强化剂应按《中华人民共和国食品添加剂卫生管理办法》与《中华人民共和国食品营养强化剂卫生管理办法》执行。食品营养强化剂主要是用于补偿食品加工中的营养损失，或强化天然营养素的含量，提高食品的营养价值。因此，使用食品营养强化剂时必须注意，首先应不损害食品原有的风味；其次，维生素和某些氨基酸等在食品加工与保存过程中易受损失，故应使其在消费者食用前很少分解和损失。同时，应保持营养素合理平衡，防止过量摄入而导致中毒，故使用量应予严格控制。食品营养强化需要应以“营养素供给量标准”为依据，或参照《中华人民共和国食品营养强化剂使用卫生标准（试行）》按不同地区、不同类型人们的需要量添加生产。

世界上所用的食品营养强化剂总数约 130 种，我国已生产、使用的约 30 种。食品营养强化剂可分为维生素、氨基酸和无机盐三大类。

第三章　酱卤肉制品加工原理

酱卤肉制品是我国典型的民族传统熟肉制品，其主要特点是产品酥润，风味浓郁，有的带有卤汁，不易包装和保藏，适于就地生产，就地供应。目前，几乎在我国各地均有生产，但由于各地的消费习惯和加工过程中所用的配料、操作技术不同，形成了许多地方特色风味的品种，有的已成为地方名特产，如苏州酱汁肉、北京月盛斋酱牛肉、河南道口烧鸡、安徽符离集烧鸡等，不胜枚举。

酱卤肉制品香气浓郁，食之肥而不腻，瘦不塞牙。随地区不同，酱卤肉制品在风味上有甜、咸之别。北方的酱卤肉制品咸味重，如符离集烧鸡；南方的制品则味甜、咸味轻，如苏州酱汁肉。由于季节不同，制品风味也不同，夏天口重，冬天口轻。

近年来，随着对酱卤肉制品传统加工工艺理论的研究以及先进加工设备的应用，一些酱卤肉制品的传统加工工艺得以改进，如用新工艺加工的烧鸡、酱牛肉等产品更受人们的欢迎。特别是随着包装与加工技术的发展，酱卤肉制品防腐保鲜的问题得到了解决，酱卤肉制品小包装方便食品也应运而生。目前，酱卤肉制品系列方便肉制品已进入商品市场，走向千家万户。

第一节　酱卤肉制品分类

一、酱卤肉制品种类

酱卤肉制品是畜禽肉及可食副产品加调味料和香辛料，以水为介质，加热煮制而成的熟肉类制品。按照加工工艺不同，一般将其分为三类：白煮肉类、酱卤肉类和糟肉类。白煮肉类可视为是酱卤肉类的未经酱制或卤制的一个特例；糟肉则是用酒糟或陈年香糟代替酱汁或卤汁加工的一类产品。

根据加入调料的种类与数量不同，酱卤肉制品可分为六大类：酱肉制品、卤肉制品、蜜汁肉制品、糖醋肉制品、白煮肉制品、糟肉制品等。

二、酱卤肉制品特点

1. 白煮肉类

白煮也叫白烧、白切。是原料肉经（或未经）腌制后，在水（或盐水）中煮制而成的熟肉类制品。白煮肉类的主要特点是最大限度地保持了原料肉固有的色泽和风味，一般在食用时才调味。其特点是制作简单，仅用少量食盐，基本不加其他配料；基本保持原形原色及原料本身的鲜美味道；外表洁白，皮肉酥润，肥而不腻。白煮肉类以冷食为主，吃时切成薄片，蘸以少量酱油、芝麻油、葱花、姜丝、香醋等。其代表品种有白斩鸡、盐水鸭、白切猪肚、白切肉等。

2. 酱卤肉类

酱卤肉类是肉在水中加食盐或酱油等调味料和香辛料一起煮制而成的一类熟肉类制品，是酱卤肉制品中品种最多的一类，其风味各异，但主要制作工艺大同小异，只是在具体操作方法和配料的数量上有所不同。根据这些特点，酱卤肉类可划分为以下五种。有的酱卤肉类的原料肉在加工时，先用清水预煮，一般预煮 20min 左右，然后再用酱汁或卤汁煮制成熟，某些产品在酱制或卤制后，需再烟熏等工序。酱卤肉类的主要特点是色泽鲜艳、味美、肉嫩，具有独特的风味。产品的色泽和风味主要取决于调味料和香辛料。酱卤肉类主要有酱汁肉、卤肉、烧鸡、糖醋排骨、蜜汁蹄膀等。

（1）酱制品　亦称红烧或五香制品，是酱卤肉类中的主要品种，也是酱卤肉类的典型产品。这类制品在制作中因使用了较多的酱油，以至于制品色深、味浓，故称酱制。又因煮汁的颜色和经过烧煮后制品的颜色都呈深红色，所以又称红烧制品。另外，由于酱制品在制作时加入了八角、桂皮、丁香、花椒、小茴香等香辛料，故有些地区也称这类制品为五香制品。

（2）酱汁制品　以酱制为基础，加入红曲米为着色剂，使用的糖量较酱制品多，在锅内汤汁将干、肉开始酥烂准备出锅时，将糖熬成汁直接刷在肉上，或将糖散在肉上，使制品具有鲜艳的樱桃红色。酱汁制品色泽鲜艳，口味咸中有甜且酥润。

（3）卤制品　是先调制好卤制汁或加入陈卤，然后将原料放入卤汁中。开始用大火，待卤汁煮沸后改用小火慢慢卤制，使卤汁逐渐浸入原料，直至酥烂即成。卤制品一般多使用老卤。每次卤制后，都需对卤汁进行清卤（撇油、过滤、加热、晾凉），然后保存。陈卤使用时间越长，香味和鲜味越浓，产品特点是酥烂，香味浓郁。

（4）蜜汁制品　蜜汁制品的烧煮时间短，往往需油炸，其特点是块小，以带骨制品为多。蜜汁制品的制作中加入多量的糖分和红曲米水，方法有两种：第一种是待锅内的肉块基本煮烂，汤汁煮至发稠，再将白糖和红曲米水加入锅内。待糖和红曲米水熬至起泡发稠，与肉块混匀，起锅即成。第二种是先将白糖与红曲米水熬成浓汁，浇在经过油炸的制品上即成（油炸制品多带骨，如大排、小排、肋排等）。蜜汁制品表面发亮，多为红色或红褐色，蜜汁甜蜜浓稠。制品色浓味甜，鲜香可口。

（5）糖醋制品　方法基本同酱制，在辅料中须加入糖和醋，使制品具有甜酸的滋味。

酱卤肉类制作简单，操作方便，成品表面光亮，颜色鲜艳；因重香辛料、重酱卤，煮制时间长，制品外部都粘有较浓的酱汁或糖汁。因此，制品具有肉烂皮酥、浓郁的酱香味或甜香味等特色。我国著名的酱卤肉类有酱汁肉、卤肉、烧鸡、糖醋排骨、蜜汁蹄膀等。

3. 糟肉类

糟肉是用酒糟或陈年香糟代替酱汁或卤汁制作的一类产品。它是原料肉经白煮后，再用“香糟”糟制的冷食熟肉类制品。其主要特点是制品胶冻白净，清凉鲜嫩，保持原料固有的色泽和曲酒香气，风味独特。糟制品需要冷藏保存，食用时需添加冻汁，携带不便，因而受到一定的限制。糟肉类有糟肉、糟鸡、糟鹅等产品。

第二节 酱卤肉制品加工原理

酱卤肉制品中，酱与卤两种制品所用原料及原料处理过程相同，但在煮制方法和调味材料上有所不同，所以产品的特点、色泽、风味也不相同。在煮制方法上，卤制品通常将各种辅料煮成清汤后将肉块下锅以旺火煮制；酱制品则和各辅料一起下锅，大火烧开，文火收汤，最终使汤形成浓汁。在调料使用上，卤制品主要使用盐水，所用香辛料和调味料数量不多，故产品色泽较淡，突出原料的原有色、香、味；而酱制品所用香辛料和调味料的数量较多，故酱香味浓。酱卤肉制品因加入调料的种类、数量不同又有很多品种，通常有五香制品、酱汁制品、卤制品、糖醋制品和糟制品等。

酱卤肉制品的加工方法主要是两个过程，一是调味，二是煮制（酱制）。

一、调味及其种类

1. 调味概念

调味就是根据不同品种、不同口味加入不同种类或数量的调味料，加工成具有特定风味的产品。如南方人喜爱甜则在制品中多加些糖，北方人吃得咸则多加点盐，广州人注重醇香味则多放点酒。

2. 调味种类

调味因地区、口味和产品品种而不同，不能强求一律。调味的方法根据加入调料的作用和时间，大致可分为基本调味、定性调味和辅助调味三种。

（1）基本调味　在原料整理后未加热前，用盐、酱油或其他辅料进行腌制，奠定产品的咸味叫基本调味。

（2）定性调味　原料下锅加热时，随同加入的辅料如酱油、酒、香辛料等，决定产品的风味叫定性调味。

（3）辅助调味　在产品即将出锅时加入糖、味精等，以增加产品的色泽和鲜味，叫辅助调味。加热煮熟后的辅助调味是制作酱卤肉制品的关键步骤。必须严格掌握调料的种类、数量以及投放的时间。

二、煮制变化

煮制是酱卤肉制品加工中主要的工艺环节。其目的是改善感官性质，使肉黏着、凝固，产生与生肉不同的硬度、齿感、弹力等物理变化，固定制品的形态，使制品具有切片性，并产生特有的香味、风味。煮制能杀死微生物和寄生虫，提高制品的安全性和耐保存性，稳定肉的色泽。加热的介质有水、蒸汽等，在加热过程中，原料肉及其辅料都要发生一系列的变化。

（一）煮制方法

煮制在酱卤肉制品加工中煮制方法包括清煮（也称白烧）和红烧。

清煮又称预煮、白煮、白锅等，其方法是将整理后的原料肉投入沸水中，汤中不加任何调味料，用较多的清水进行煮制。清煮的目的主要是去掉肉中的血水和肉本身的腥味或气味，在红烧前进行，清煮的时间因原料肉的形态和性质不同有异，一般为15～40min。清煮后的肉汤称白汤，清煮猪肉的白汤可作为红烧时的汤汁基础再使用，但清煮牛肉及内脏的白汤除外。

红烧又称红锅。其方法是将清煮后的肉放入加有各种调味料、香辛料的汤汁中进行烧煮，是酱卤肉制品加工的关键性工序。红烧不仅可使制品加热至熟，更重要的是使产品的色、香、味及产品的化学成分有较大的改变。红烧的时间，随产品和肉质不同而异，一般为1～4h。红烧后剩余之汤汁叫老汤或红汤，要妥善保存，待以后继续使用。加入老汤进行红烧，使肉制品风味更佳。无论是清煮或红烧，对形成产品的色、香、味、形以及成品的化学成分的变化都有决定性的影响。

另外，油炸也是某些酱卤肉制品的制作工序之一，如烧鸡等。油炸的目的是使制品色泽金黄，肉质酥软油润，还可使原料肉蛋白质凝固，排除多余的水分，肉质紧密，使制品造型定型，在酱制时不易变形。油炸的时间，一般为5～15min。多数在红烧之前进行。但有的制品则经过清煮、红烧后再进行油炸，如北京月盛斋烧羊肉等。

（二）煮制火力

在煮制过程中，根据火焰的大小强弱和锅内汤汁情况，可分为大火、中火、小火三种。

（1）大火　又称旺火、急火等。大火的火焰高强而稳定，锅内汤汁剧烈沸腾。

（2）中火　又称温火、文火等。火焰较低弱而摇晃，锅内汤汁沸腾，但不强烈。

（3）小火　又称微火。火焰很弱而摇晃不定，锅内汤汁微沸或缓缓冒气。

火力的运用，对酱卤肉制品的风味及质量有一定的影响，除个别品种外，一般煮制初期用大火，中后期用中火和小火。大火烧煮的时间通常较短，其主要作用是尽快将汤汁烧沸，使原料初步煮熟。中火和小火烧煮的时间一般比较长，其作用是使肉品变得酥润可口，同时使配料渗入肉的深部，达到内外品味一致的目的。加热时火候和时间的掌握对肉制品质量有很大影响，需特别注意。

（三）煮制过程发生的变化

在煮制过程中，原料、辅料都会发生一系列的变化。肌肉温度达到50℃时蛋白质开始凝固；60℃时肉汁开始流出；70℃时肉凝结收缩，肉中色素变性，肌肉由红色变灰白色；80℃呈酸性反应时，结缔组织开始水解，胶原转变为可溶于水的明胶，各肌束间的联结减弱，肉变软；90℃稍长时间煮制蛋白质凝固硬化，盐类及浸出物由肉中析出，肌纤维强烈收缩，肉反而变硬；继续煮沸

（100℃）蛋白质、碳水化合物部分水解，肌纤维断裂，肉被煮熟（烂）。在煮制时少量可溶性蛋白质进入肉汤中，受热凝固，成乌灰色泡沫，浮于肉汤表面，虽然它具有很好的营养价值，但因影响热的传递，在传统煮制加工中，往往把它撇掉。肉汤中的全部干物质（从肉中溶出的，不包括添加的）达肉重的 2.5%～3.5%，主要是含氮浸出物和盐类，再加上调味料，将对酱卤肉制品呈味起主要作用。

肉在煮制过程中将发生如下变化。

1. 重量减轻

煮制可使肉质收缩、凝固、变硬或软化。通过加热，一方面使蛋白质凝固，提高肉的硬度，肉质收缩，重量减轻；另一方面可使结缔组织蛋白软化，产生香味，稳定肉的颜色。这些变化都是由于一定的加热温度及时间，使肉产生一系列的物理化学变化导致的。肉类在煮制过程中最明显的变化是失去水分、重量减轻。以中等肥度的猪肉、牛肉、羊肉为原料，在 100℃的水中煮沸 30min 重量减少的情况见表 3-1。

表 3-1　肉类水煮时重量减少的情况　　单位：%

名　称	水　分	蛋白质	脂　肪	其　他	总　量
猪肉	21.3	0.9	2.1	0.3	24.6
牛肉	32.2	1.8	0.6	0.5	35.1
羊肉	26.9	1.5	6.3	0.4	35.1

为了减少煮制造成的肉类营养物质损失，提高产品出品率，需将原料肉放入沸水中经短时间预煮，可使产品表面的蛋白质立即凝固，形成保护层。用 150℃以上的高温油炸，亦可减少营养成分的流失。

2. 肌肉蛋白质的热变性

肉在加热煮制过程中，肌肉蛋白质发生热变性凝固，引起肉汁分离，体积缩小变硬，同时肉的保水性、pH 值、酸碱性基团及可溶性蛋白质发生相应的变化。

（1）加热温度和变性　肌肉蛋白质的热变性表现为肉的保水性、硬度、pH、酸碱性基团以及可溶性蛋白质含量的变化，随着温度的上升所发生的变化归纳如下。

① 20～30℃时，肉的保水性、硬度、可溶性都没有发生变化。

② 30～40℃时，随着温度上升保水性缓慢地下降。从30～35℃开始凝固，硬度增加，蛋白质的可溶性、ATP酶的活性也产生变化。

③ 40～50℃时，保水性急剧下降，硬度也随温度的上升而急剧增加，等电点移向碱性方向，酸性基团特别是羧基减少。

④ 50～55℃时，保水性、硬度、pH值等暂时停止变化，酸性基团停止减少。

⑤ 55～80℃时，保水性又开始下降，硬度增加，pH值降低，酸性基团又开始减少，并随着温度的上升各有不同程度的加剧，但变化的程度不像在40～50℃范围内那样强烈，尤其是硬度增加和可溶性物质减少的幅度不大。到60～70℃肉的热变性基本结束；80℃以上开始生成硫化氢，影响肉的风味。

显然，蛋白质受热变性时发生分子结构的变化，使蛋白质的某些性质发生根本改变，丧失了原来的可溶性，更易于受胰蛋白酶的分解作用，容易被消化吸收。

（2）加热时间和变性　在热变性温度范围内，肉的蛋白质迅速变性，但不同温度条件下，其变化的速度不同。如保水性变化，在30℃时几乎没有变化，但温度达到50℃和70℃时，在24h之内就发生了显著的变化。到90℃时只要瞬间就产生变化，而加盐后其保水性变化减慢，即使到50℃变化仍很平缓。

3. 结缔组织的变化

结缔组织对加工制品的形状、韧性等有重要影响。通常肌肉中结缔组织含量越多，肉质就越坚韧，但在70℃以上水中长时间煮制，结缔组织多的反而比结缔组织少的肉质柔嫩，这是由于结缔组织受热软化的程度对肉的柔嫩起着更为突出作用的缘故。

结缔组织中的蛋白质主要是胶原蛋白和弹性蛋白，一般加热条件下弹性蛋白几乎不发生变化，主要是胶原蛋白的变化。

肉在水中煮制时，由于肌肉组织中胶原纤维在动物体不同部位的分布不同，肉发生收缩变形情况也不一样。当加热到64.5℃时。其胶原纤维在长度方向可迅速收缩到原长度的60%。因此肉在煮制时收缩变形的大小是由肌肉结缔组织的分布所决定的。同样，在70℃条件下，沿着肌肉纤维纵向切下，不同部位，其收缩程度也不一样。表3-2显示了沿着肌肉纤维纵向切下的肌肉的不同部位在70℃水煮时的收缩程度。经过60min煮制以后，腰部肌肉收缩可达50%，而腿部肌肉只收缩38%，所以腰部肌肉会有明显的变形。

表3-2　70℃煮制对肌肉长度的影响

煮制时间/min	肉块长度/cm	
	腰　部	大腿部
0	12	12
15	7.0	8.3
30	6.4	8.0
45	6.2	7.8
60	5.8	7.4

煮制过程中随着温度的升高，胶原吸水膨润而成为柔软状态，机械强度降低，逐渐转变为可溶性的明胶。胶原转变成明胶的速度，虽然随着温度升高而增加，但只有在接近100℃时才能迅速转变，同时亦与沸腾的状态有关，沸腾得越激烈转变得越快。表3-3所列举的是同样大小的牛肉块随着煮制时间的不同，不同部位胶原蛋白转变成明胶的数量差异。因此，在加工酱卤肉制品时应根据肉体的不同部位和加工产品的要求合理使用。

4. 脂肪组织的变化

脂肪组织由疏松结缔组织中充满脂肪细胞构成，其中结缔组织形成脂肪组织的框架，并包围着脂肪细胞。脂肪细胞的大小根据动物的种类、营养状态、组织部位不同而异。加热时脂肪熔化，包围脂肪滴的结缔组织由于受热收缩使脂肪细胞受到较大的压力，细胞膜破裂，脂肪熔化流出。从脂肪组织中流出脂肪的难易，由包着脂

表 3-3　100℃条件下煮制不同时间转变成明胶的量

单位：%

部　位	时间/min		
	20	40	60
腰部肌肉	12.9	26.3	48.3
背部肌肉	10.4	23.9	43.5
后腿肌肉	9.0	15.6	29.5
前臂肌肉	5.3	16.7	22.7
半腱肌	4.3	9.9	13.8
胸肌	3.3	8.3	17.1

肪的结缔组织膜的厚度和脂肪的熔点决定。

脂肪中不饱和脂肪酸越多，则熔点越低，脂肪越容易受热流出。牛和羊的脂肪含不饱和脂肪酸少，熔点较高；而猪和鸡的脂肪含不饱和脂肪酸多，熔点较低，故猪和鸡的脂肪易受热流出，随着脂肪的流出，与脂肪相关连的挥发性化合物则会给肉和肉汤增补香气。

肉中的脂肪煮制时会分离出来，不同动物脂肪所需的温度不同，牛脂为 42～52℃，牛骨脂为 36～45℃，羊脂为 44～55℃，猪脂为 28～48℃，禽脂为 26～40℃。

脂肪在加热过程中有一部分发生水解，生成甘油和脂肪酸，因而使酸价有所增高，同时也发生氧化作用，生成氧化物和过氧化物。加热水煮时，如肉量过多或剧烈沸腾，易形成脂肪的乳化，使肉汤呈浑浊状态。在肉汤贮存过程中，脂肪易于被氧化，生成二羧基酸类，而使肉汤带有不良气味。

5. 香气变化

香气是由挥发性物质产生的，生肉的香味很弱，但加热之后，不同种类动物肉都会产生很强烈的特有风味。通常认为，这是由于加热导致肌肉中的水溶性成分和脂肪的变化造成的。肉的香气成分与氨、硫化氢、羰基化合物、低级脂肪酸等有关。肉的风味在一定程度上因加热的方式、温度和时间不同而不同。煮制时加入香辛料、糖、谷氨酸等添加物也会改善肉的风味。但是，尽管肉的风味受复杂因素的影响，主要还是由肉的种类差别所决定。不同种类肉的风味呈味物质有许多相同的部分，主要是水溶性物质、氨基酸、小肽和低分子的碳水化合物之间进行反应的一些生成物，而不同部分是肉类的脂肪和脂溶性物质加热所形成，如羊肉的膻味是由辛酸和壬酸等低级饱和脂肪酸所致。

6. 浸出物的变化

肉在煮制时浸出物的成分是复杂的，其中主要是含氮浸出物、游离氨基酸、尿素、肽的衍生物、嘌呤碱等。其中以游离氨基酸最多，如谷氨酸等，它具有特殊的芳香气味，当浓度达到0.08%时，即会出现肉的特有鲜味。此外如丝氨酸、丙氨酸等也具有香味，成熟的肉所含的游离状态的次黄嘌呤，也是形成肉特有芳香气味的主要成分。

肉在煮制过程中可溶性物质的分离受很多因素影响。首先是由动物肉的性质所决定，如种类、性别、年龄以及动物的肥瘦等；其次是受肉的冷加工方法的影响，如冷却肉还是冷冻肉、自然冻结还是人工机械制冷冻结，此外，不同部位的浸出物也不同。

肉在煮制过程中分离出的可溶性物质不仅和肉的性质有关，而且也受加热过程中的一系列因素影响，如下水前水的温度、肉和水的比例、煮沸的状态、肉块的大小等。通常是浸在冷水中煮沸的损失多，热水中损失少；强烈沸腾的损失多，缓慢煮沸的损失少；水越多，可溶性物质损失的越多；肉块越大，损失越少。

7. 颜色的变化

肉的颜色受加热方法、时间、温度的影响而呈现不同的变化。当水温在60℃以下时，肉色几乎不发生明显变化，仍呈鲜红色，65～70℃时，肉变成桃红色，再提高温度则变为淡灰色，在75℃以上时，则完全变为褐色。这种变化是由于肌肉中的肌红蛋白受热逐渐发生变性造成的。

肌红蛋白变性之后成为不溶于水的物质。肉类在煮制时，一般都以沸水下锅好，一方面使肉表面蛋白质迅速凝固，阻止了可溶性蛋白质溶入汤中；另一方面可以减少大量的肌红蛋白溶入汤中，保持肉汤的清澈、透明。肉加热时，肉色褐变也与碳水化合物的焦化和还原糖与氨基酸之间产生美拉德反应有关，特别是猪肉更明显。

8. 维生素的变化

肌肉与脏器组织中含有丰富的B族维生素，如硫胺素、核黄素、烟酸、维生素B_6、生物素、叶酸及维生素B_{12}。肝脏中还含有大量的维生素A和维生素D。在加热过程中通常维生素的含量降低，损失的量取决于加热的程度和维生素的敏感性。硫胺素对热不稳定，加热时在碱性环境中被破坏，但在酸性环境中比较稳定，如炖肉可损失60%～70%的硫胺素和26%～42%的核黄素。

猪肉及牛肉在100℃水中煮沸1～2h后，吡哆醇损失量多；猪肉在120℃灭菌1h，吡哆醇损失61.5%，牛肉吡哆醇损失63%。

三、煮制技术

煮制是酱卤肉制品的主要加工环节，各种酱卤肉制品的煮制方法大同小异，一般制作方法如下。

1. 白拆、红烧

酱卤肉制品中，除少数品种外，一般的煮制过程分为两个阶段：一是白拆，亦称“出水”、“白锅”、“水锅”，也有的地区称“浸水”，这是辅助性的煮制工序，其作用是消除膻腥气味。白拆方法是将成形原料投入沸水锅中进行加热，加以翻拌、捞出浮油、血沫和杂质。白拆时间随产品的形状大小而异，一般为10～20min至1h左右。二是红烧，亦称“红锅”。它是产品质量的决定工序，红烧的方法和时间，因产品而异。

2. 宽汤、紧汤

在煮制过程中，会有部分营养成分随汤汁而流失。因此，煮制过程中汤汁的多少与产品质量有一定关系。煮制时加入的汤，根据数量多少，分宽汤和紧汤两种煮制方法。宽汤煮制是将汤加至和肉的平面基本相平或淹没肉体，适用于块大、肉厚的产品，如卤肉等；紧汤煮制加入的汤应低于肉平面的1/3～1/2，紧汤煮制方法适用于色深、味浓的产品，如酥骨肉、蜜汁小肉、酱汁肉等。

3. 白汤、红汤

白拆时的肉汤，味鲜量多的称为白汤。要将其妥为保存，红烧时使用白拆所产生的鲜汤作为汤汁的基础。红烧时剩余的汤汁，待以后继续使用的称为老汤（老卤）或红汤。老汤越用越陈，应注意保管和使用。老汤应置于有盖的容器中；防止生水和新汤掺入。否则，应随时回锅加热，以防变质。如在夏天，应经常检查质量。老汤由于不断使用，其性能和成分经常变化，使用时应注意其咸淡程度，酌量减少配料数量。

4. 火候

掌握火候是加工酱卤肉制品的重要环节。火候的掌握，包括火力和加热时间的控制。

在实际工作中，对旺火的标准和掌握大多一致，对文火、微火的标准，则随操作习惯各异。除个别品种外，各种产品加热时的火力，一般都是先旺火后文火。旺火的时间比较短，其作用是将生肉煮熟，但不能使肉酥烂；文火的时间一般比较长，其作用在于使肉酥烂可口，使配料逐步渗入产品内部，达到内外咸淡均匀的目的。有的产品在加入砂糖后，往往再用旺火，其目的在于使砂糖熔化。卤制内脏时，由于口味要求和原料鲜嫩的特点，在加热过程中，自始至终采用文火烧煮法。

目前，许多酱卤肉制品生产厂家早已使用夹层釜取代普通锅进行生产，利用蒸汽加热，加热程度可通过液面沸腾的状况或由温度指示来决定，从而生产出优质的肉制品。

加热的时间和方法随品种而异。产品体积大，块头大，其加热时间一般都比较长。反之，就可以短一些，但必须以产品煮熟为前提。产品不熟或者里生外熟，非但不符合质量要求，而且也影响食用安全。

四、料袋的制法和使用

酱卤肉制品制作过程中大都采用料袋。料袋是用二层纱布制成的长形布袋，可根据锅的大小、原料多少缝制大小不同的料袋。将各种香辛料装入料袋，用粗绳将料袋口扎紧。最好在原料未入锅之前，将锅中的酱汤打捞干净，将料袋投入锅中煮沸，使料味在汤中散开以后，再投入原料酱卤。料袋中所装香料的种类和数量，可根据不同的品种和当地传统习惯进行选择。如喜欢香味浓郁的产品，则香料的种类和数量可以略多一些；反之，则可少一些。料袋所装香料可以使用2～3次，然后以新换旧，逐步淘汰。

第三节　酱卤肉制品质量控制

酱卤肉制品的加工关键在于煮制和调味，煮制加工环节直接影响产品的口感和外形，必须严格控制温度和加热时间。调味是一个重要过程，应用科学配方，选用优质配料，形成产品独特风味和色泽。

目前，为了保证产品的质量，酱卤肉制品的加工沿用传统的中式加工与先进的西式工艺相结合，严格按照工艺流程，采用注射、滚揉、低温蒸煮等先进工艺制作，融浓郁的中式风味与鲜嫩的西式肉质于一体，采用连续机械化工业生产，实行HACCP管理，控制工艺参数进行加工制作，加工完毕后及时真空包装。其产品既保留了传统的酱卤肉制品的色、香、味，又具有肉质嫩滑、易于咀嚼、利于消化吸收、贮藏时间较长等特点。酱卤肉制品适宜现做现卖和短时冷藏运销。

一、选料

各种酱卤肉制品的质量好坏，均与选料有密切的关系。因此，酱卤肉制品的加工需要严把原材料质量关，防止劣质原材料进入生产。供酱卤肉制品用的原料包括原料肉和加工所用的辅料等。原材料按照品质管理标准的要求制定详细的原材料质量指标、检验项目、抽样及检验方法等并严格执行，同时要做好原始记录。每批原料及包装需经检验合格后，方可使用。准许使用的原材料，应遵循先进先出的原则。食品添加剂应设专柜贮放，由专人负责管理，注意领取材料程序正确，对使用的种类、批准文号、进货量及使用量建立专册记录。

酱卤肉制品用的原料肉，应来自健康牲畜，经兽医检验合格的，质量良好、新鲜的肉或畜禽副产品等。分别符合GB 2707、GB 2710及其他有关国家标准的规定。宜使用经过实施《肉类加工厂卫生规范》（GB 12694）的企业所生产的肉类原料。凡热鲜肉、冷却肉或解冻肉都可用来加工，但不同的产品又有具体的要求，需要根据产品的不同要求选择合适的原料肉。任何原料肉都应保持肉质新鲜，无污物和杂质，同时生产用水必须符合卫生要求，并定期进行质量检测，所有的辅料也必须符合相关国家标准要求。

二、酱汁和卤汤的调制

酱卤肉制品加工中所用的酱汁和卤汤的调制是影响产品质量的关键环节，要求应用科学配方，选用优质配料，形成产品独特风味和色泽。生产酱、卤产品时，老汤十分重要，老汤时间越长，酱、卤产品的风味越好。第一次酱、卤产品时，如果没有老汤，则要对配料进行相应的调整。

老汤反复使用后会有大量沉淀物而影响产品的一致性，必须经常过滤以保持老汤清洁。在工业化生产中，可以借助过滤或净化机械完成净化过程。此外，每次使用时应撇净浮沫，使用完毕应清洁并烧开。通常老汤每天都要使用，长时间不用的老汤应冷冻贮藏或定期煮开，以防止腐败变质。

三、酱卤肉制品煮制时的质量管理

煮制加工环节直接影响产品的质量，必须严格控制温度和加热时间。根据生产企业的特点，制定生产过程中的检验指标和检验标准、抽样及检验方法，并保证在各生产环节严格执行。配制原料要有良好的外观性状，无异味，并严格按照配方准确称量。对半成品的各项指标也要进行准确检验，以便及时发现存在的问题。生产过程要严格控制时间、温度、压力、酸碱度等理化指标，防止食品受微生物污染而腐败变质。

食品企业必须建立相应的质量管理机构，专门负责生产全过程的质量监督管理，要求食品企业，贯彻预防为主的原则，实行全过程的质量管理，消除生产不合格产品的种种隐患，做到“防患于未然”，确保食品安全。

四、成品包装

生产出来的酱卤肉制品，一般采用真空包装的方式进行。为了延长产品的货架期，常与低温贮藏方式联合使用。

真空包装是指除去包装袋内的空气，经过密封，使包装袋内的食品与外界隔绝。在真空状态下，好气性微生物的生长减缓或受到抑制，减少了蛋白质的降解和脂肪的氧化酸败。另外经过真空包装，使乳酸菌和厌气菌增殖，从而延长产品的贮存期。

1. 真空包装的主要作用

（1）抑制微生物生长，并避免外界微生物的污染。食品的腐败变质主要是由于微生物的生长，特别是需氧微生物。抽真空后可以造成缺氧环境，抑制许多腐败性微生物的生长。

（2）减缓肉中脂肪的氧化速度，对酶活性也有一定的抑制作用。

（3）减少产品失水，保持产品重量。

（4）可以和其他方法结合使用，如抽真空后再充入 CO_2 等气体。还可与一些常用的防腐方法结合使用，如低温和化学保藏等。

（5）产品整洁，增加市场效果，较好地实现市场目的。

2. 对真空包装材料的要求

（1）阻气性　主要目的是防止大气中的氧重新进入经真空的包装袋内，避免需氧菌生长。乙烯、乙烯-乙烯醇共聚物都有较好的阻气性，若要求非常严格时，可采用一层铝箔。

（2）水蒸气阻隔性　即应能防止产品水分蒸发，最常用的材料是聚烯烃类薄膜。

(3) 香味阻隔性能　应能保持产品本身的香味，并能防止外部的一些不良气味渗透到包装产品中，聚酰胺和聚乙烯混合材料一般可满足这方面的要求。

(4) 遮光性　光线会促使肉品氧化，影响肉的色泽。只要产品不直接暴露于阳光下，通常用没有遮光性的透明膜即可。按照遮光效能递增的顺序，采用的方式有印刷、着色、涂聚偏二氯乙烯、上金、加一层铝箔等。

包装前将操作间进行清洁、消毒处理，并对人员卫生、设备运转情况进行检查。各种包装材料符合国家卫生标准和卫生管理办法的规定。包装材料在使用前应按有关原料投产规定由卫生管理人员检查认可。定型包装产品的外包装贴有符合 GB 7718 规定的标签；非定型包装的产品应以适当方式标明产品的保质期限、保存方法和使用方法，以及生产者名称和所在地址。

五、酱卤肉制品保鲜技术及其应用

酱卤肉制品属于熟肉制品，通常保持期很短，严重限制了其工业化生产和远距离流通。近年来，人们应用现代食品加工和保鲜技术延长酱卤肉制品货架期方面进行了大量研究，其中真空包装和微波杀菌技术结合可有效延长产品货架期。例如，真空包装南京盐水鸭通常货架期为 7d，包装后进行微波杀菌，可以使货架期延长为 15d。目前，一些公司在真空包装和微波杀菌之后，进一步增加了巴氏杀菌工序，这种综合保鲜方法在不影响产品风味和品质的前提下，可使南京盐水鸭的货架期延长至 3 个月以上。

六、质量安全控制体系

在酱卤肉制品加工过程中，应采用 GMP、SSOP 和 HACCP 等体系进行管理，保证产品的质量和安全。GMP 规定了食品生产的卫生要求，食品生产企业必须根据 GMP 要求制定并执行相关控制计划，这些计划构成了 HACCP 体系建立和执行的前提。计划包括：SSOP、人员培训计划、工厂维修保养计划、产品回收计划、产品的识别、加工过程及环境卫生和为达到GMP要求所采取的行动。HACCP体系建立在以GMP为基础的SSOP上，SSOP可以减少HACCP计划中的关键控制点（CCP）数量。事实上危害是通过SSOP和HACCP共同予以控制的。

在酱卤肉制品生产的管理过程中，根据食品良好生产规范（GMP）管理方式制定和实施的食品制造标准，突出体现了各种污染的防止，主要着眼于使用的各种原材料和食品生产每一工序中产品安全性的保证。为了避免食品中附着和混入杂物、重金属、残留农药、可引起食品中毒的病原菌或有损于食品质量的微生物，必须采取有效措施，切实防止来自工厂设施、操作环境、机械器具、空中沉降细菌和操作人员等方面的污染，加强工艺技术方面的管理、实行双重检查、建立各工艺的检验制度和质量管理制度、误差的防除措施、商标管理、管理记录的保存。

在成品的管理中，应明确规定成品的质量标准、检验项目及检验方法。每批成品应预留一定数量样品进行保存，必要时做成品稳定性试验。每批成品均需进行质量检验，不得含有毒或有害人体健康的物质，并应符合现行法规产品卫生标准，不合格者，要妥善处理。

七、质量要求和产品标准

要求具有该产品固有的色、香、味，无异物附着，无异味。目前执行的标准是GB 2726—2005《酱卤肉类卫生标准》。

八、酱卤肉肉制品加工常见问题及对策

1. 卤肉制品上色不均匀问题

烧鸡等卤制品在加工过程中需要油炸上色，不同的产品有不同的产品颜色要求，如柿红色、金黄色、红黄色等。通常油炸前在坯料外表均匀涂抹一层糖水或蜂蜜水，油炸时，糖水或蜂蜜水中的还原糖发生焦糖化及与肉中的氨基酸等发生美拉德反应产生色素物质，使肉表面形成所需要的颜色。一般涂抹糖水的坯料油炸后呈不

同深浅的红色，涂抹蜂蜜呈不同深浅的黄色，两者混合则呈柿黄色，颜色的深浅取决于糖液或蜂蜜的浓度及两者的混合比例。

上色不均匀是初加工烧鸡者常遇到的问题，往往出现不能上色的斑点，这主要是涂抹糖液或蜂蜜时坯料表面没有晾干造成的。如果涂抹糖液或蜂蜜时坯料表面有水滴或明显的水层，则糖液或蜂蜜不能很好附着，油炸时会脱落而出现白斑。因此，通常在坯料涂抹糖液或蜂蜜前一般要求充分晾干表面水分，如果发现一些坯料表面有水渍，可以用洁净的干纱布擦干后再涂抹，这样一般可以避免上色不均匀现象。

2. 酱卤肉制品加工过程中的火候控制技术问题

火候控制是加工酱卤肉制品的重要环节。旺火煮制使外层肌肉快速强烈收缩，难以使配料逐步渗入产品内部，不能使肉酥润，产品干硬无味，内外咸淡不均，汤清淡而无肉味；文火煮制则肌肉内外物质和能量交换容易，产品里外酥烂透味，肉汤白浊而香味厚重，但往往需要较长的煮制时间，并且产品难以成形，出品率也低。因此，火候的控制应根据品种和产品体积大小确定加热的时间、火力，并根据情况随时进行调整。

火候的控制包括火力和加热时间的控制。除个别品种外，各种产品加热时的火力，一般都是先旺火后文火。通常旺火煮的时间比较短，文火煮的时间比较长。使用旺火的目的是使肌肉表层适当收缩，以保持产品的形状，以免后期长时间文火煮制造成产品不成形或无法出锅；文火煮制则是为了使配料逐步渗入产品内部，达到内外咸淡均匀的目的，并使肉酥烂、入味。加热的时间和方法随品种而异。产品体积大，块头大，其加热时间一般都比较长。反之，就可以短一些，但必须以产品煮熟为前提。

3. 卤牛肉肉质干硬或过烂不成形的问题

卤牛肉易出现肉质干硬、不烂或过于酥烂而不成形的现象，主要是煮肉的方法不正确或火候把握不好造成的。煮牛肉火过旺并不能使酥烂，反而嫩度更差；有时为了使牛肉的肉质绵软，采取延长文火煮制时间的办法，结果把肉块煮成糊状而无法出锅。为了既能保持形状，又能使肉质绵软，一定要先大火煮，后小火煮。必要时可以在卤制之前先将肉块放在开水锅中烫一下，这样可以更好地保持肉块的形状。煮制时要根据牛肉的不同部位，决定煮制时间的长短。老的牛肉煮久一点，嫩的牛肉则时间短一些。

4. “酱”和“卤”的区别

酱有两种，一种是把食物放在酱油中浸成，如包括白煮成熟后酱成；另一种是先用盐擦，腌一定时间后洗干净，用卤烧成，烧稠至紫酱色，卤包粘食物上面，色光亮，吃口咸中带甜，如酱鸭、酱肉等。酱汁一般比较浓，多用酱油或加糖色等，酱肉制品色泽多呈酱红或红褐色，一般为现制现用，不留陈汁，制品往往通过酱汁在锅中的自然收稠裹附或人为地涂沫，而使制品外表粘裹一层糊状的，许多原料经腌渍或过油等。

卤是卤汁或卤水，比较淡。卤汁的配制有南、北之别，按调料的颜色分有红、白两种，红卤一般加酱油，冰糖或白糖，绍酒等；白卤一般不用酱油和糖。

5. 酱卤肉制品加工中酱油的选用问题

在酱卤肉制品中多用老抽，用于上色。生抽和老抽都是经过酿造发酵加工而成的酱油。生抽颜色较浅，酱味较浅，咸味较重，较鲜，多用于调味；老抽颜色较深，呈棕褐色，酱味浓郁，鲜味较低，故有加入草菇以提高其鲜味的草菇老抽等产品，一般用来给食品着色，比如做红烧制品等。

6. 酱卤肉制品保鲜问题

酱卤肉制品风味浓郁、颜色鲜艳，传统上适合于鲜销，存放过程中易变质，颜色变差，风味恶化，因此不宜长时间贮存。随着社会需求增多，一些产品开始进行工业化生产，产品运输、销售过程的保鲜问题十分突出。一般经过包装后进行灭菌处理，可以延长货架期，起到保鲜作用。但是，高温处理往往造成风味劣变，一些产品还会在高温杀菌后发生出油现象，产品的外观和风味都失去了传统特色。选用微波杀菌技术、高频电磁场杀菌技术等具有非热杀菌效应新技术，结合生物抑菌剂的应用及不改变产品风味的巴氏杀菌技术，可以在保持产品风味的前提下起到保鲜和延长货架期的目的。前面介绍的微波杀菌结合巴氏杀菌技术对南京板鸭处理保鲜技术就是很好的措施，具有借鉴作用。

此外，一些酱卤制品如卤猪头肉等，高温杀菌后易出油，不合适进行高温灭菌处理，可以使用抑制革兰阳性菌繁殖的乳酸链球菌素，结合巴氏杀菌技术，或改变包装材料，如用铝箔袋等进行包装，从而达到保鲜目的。

7. 老汤处理与保存问题

老汤是酱卤肉制品加工的重要原料，良好的老汤是使酱卤肉制品产生独特风味的重要条件。老汤中含有大量的蛋白质和脂肪的降解产物，并积累了丰富的风味物质，它们是使酱卤肉制品形成独特风味的重要原因。然而，在老汤存放过程中，这些物质易被微生物利用而使老汤变质；反复使用的老汤中含有大量的料渣和肉屑，也易使老汤变质，风味发生劣变。用含有杂质的老汤卤肉时，杂质会粘附在肉的表面而影响产品的质量和一致性。因此，老汤使用前须进行煮制，如果较长时间不用，须定期煮制并低温贮藏。一般煮制后需要贮藏的老汤，用 50 目丝网过滤，并撇净浮沫和残余的料渣，入库 0～4℃保存、备用。在工业化生产中，为保持产品质量的一致性，通常用机械过滤等措施统一过滤老汤，确保所有原料使用的老汤为统一标准。

8. 酱卤肉制品加工的原料质量问题

原料质量直接影响产品的质量和一致性，酱卤肉制品工业化生产中，标准化是重要环节，确保原料质量至关重要。对企业采购质量控制的最低限度要求是，企业在采购时应验证采购物品的合格证明材料，如检验报告，产品合格证明等。对实行市场准入制度管理的食品还要求查验供货方的食品生产许可证。食品企业在原料采购验证的同时，应当建立相应的记录。

9. 酱卤肉制品生产中的食品添加剂问题

在酱卤肉制品生产中，许多食品添加剂是不允许使用的，但许多允许使用的原料中常含有这些食品添加剂，并且这些不允许使用的食品添加剂可能会因为使用了允许使用的原料后而在产品中检出。如酱油中含有苯甲酸，在酱卤过程中使用了酱油，肉制品成品中就会含有不允许使用的苯甲酸。这种情况往往使生产者无所适从。

事实上，不允许添加并不表示不得检出。管理部门会根据检出的量，结合企业使用原材料的情况来判定企业是不是使用添加了食品添加剂。因此，只要按照国家有关规定要求进行生产，一般不会出现问题。

10. 酱卤肉制品生产设备的材质问题

肉品易于生长微生物而发生腐败变质，因此，要求肉制品生产企业所用加工设备、设施及用具等，均需用易于清洗消毒和不易于微生物孳生的材料制成，如用不锈钢材料制成。然而，传统酱卤肉制品加工过程中通常使用一些木制工具进行生产加工，这在现代工业化生产中是不允许的。规模化工业生产时，微生物安全控制要比作坊式小规模生产时困难得多，如果控制不严，很容易发生严重的安全问题。因此，工业化生产中不能按传统作坊式加工的管理模式进行管理，必须对加工设备和工具的材质进行严格控制，不得使用木制工具。

11. 酱卤肉制品的煮制用水和包装后二次灭菌煮制用水卫生问题

酱卤肉制品的煮制用水和包装后二次灭菌煮制用水都是生产用水，均应使用符合“生活饮用水卫生标准”的水。一些人认为包装后二次灭菌煮制用水不直接接触产品，可以降低卫生标准，这种观念是错误的。肉类生产企业必须将卫生意识贯彻每一个生产环节中。

12. 酱卤肉制品生产中的卤汤制备问题

卤汤制备是酱卤肉制品生产的关键环节。卤汤是由老汤加水和调味料进行煮制而成。卤汤的质量受老汤与水的比例、食盐和调味料的用量、煮制方法及煮制过程中水分蒸发量等因素的影响。特别是老汤与水的比例及煮制过程中水分蒸发量，直接影响卤汤的浓度和咸度，对产品质量影响很大，必须进行严格控制和调整。酱卤肉制品制卤时如果水分蒸发太多，可以适量补充一些水，并可适当添加一些姜片、色素等香辛料，同时兼顾老汤的用量，补充用盐量。

13. 酱煮时酱卤肉制品粘锅或浮出水面控制问题

酱卤肉制品酱煮过程中，由于卤汤的沸腾作用，一些产品会浮出水面而煮不到，导致这些肉不入味或煮不熟，因此在开始煮制时通常用不锈钢网或箅子将产品压住，上面压以重物使其保持在水面以下，从而使产品都能入味，保证产品品质的一致性。此外，酱卤过程中，长时间接触锅的产品可能会发生粘锅现象，因此有时也在肉的下面垫上箅子或不锈钢网，将肉与锅隔开，从而避免产品粘锅。

14. 酱卤制肉品生产的卤汤澄清问题

卤汁中除了大部分的水分外，还含有许多种的香料浸出物，芳香物质，以及大部分的色素，这些物质在有热的环境中会发生更为复杂的物理化学变化，从而形成特有的卤制风味。但同时，这些物质也会使卤汤产生混浊现象，影响产品的加工品质。使用食品加工专用的澄清剂和吸附剂可以将卤汁中的部分杂质和色素清除，但会对卤汤的口味造成一定的减弱。生产过程中可以通过控制火力和调整配料进行控制，如使用小火及加大料中的白芷可以减轻混浊现象。卤汤使用后立即进行过滤，可以保持澄清状态。

15. 糖色熬制与温度控制问题

糖色在酱卤肉制品生产中经常用到，糖色的熬制质量对产品外观影响较大。糖色是在适应温度条件下熬制使糖液发生焦糖化而形成的，关键是温度控制。温度过低则不能发生焦糖化反应或焦糖化不足，熬制的糖色颜色浅；而温度过高则使焦糖炭化，熬制的糖色颜色深，发黑并有苦味。因此，温度过高或过低都不能熬制出好的糖色。在温度不足时，可以先在锅内添加少量的食用油，油加热后温度较高，可以确保糖液发生焦糖化，并避免粘锅现象。在熬制过程中要严格控制高温。避免火力过大导致糖色发黑、发苦现象。

16. 禽类宰杀问题

禽类制品在酱卤肉制品中占重要比重，在生产过程中都需要经过禽类的宰杀与处理环节。该环节对产品质量影响很大，在操作中需要注意下列问题。

（1）宰前禁食　宰前禁食使禽肠道粪便充分排净，可减少屠宰时造成的粪便污染，改善产品卫生质量；同时，宰前禁食过程保持充足饮水，有利于充分放血，对改善产品质量至关重要。家禽肠道较短，一般禁食 18h 即可达到清肠目的。因此，通常在宰前 18～24h 要对家禽禁食，但要保证充足饮水，宰前 2h 可以断水。

（2）放血与煺毛　家禽有多种宰杀方法，一些产品对宰杀方法有要求，但不论用哪一种宰杀方法，一定要确保宰杀致死，并要有充分的放血时间，否则会出现煺毛困难、肉的颜色发暗等问题。从开始放血到浸入热水中烫毛的时间应不短于 5min，也不能超过 15min。入血时间短于 5min 则可能放血不净，并且此时毛孔尚未张开，如果立即烫毛时难以拔毛，肉质也会受影响；相反，如果放血时间超过 15min，则张开的毛孔会重新闭合，也会影响煺毛。因此，放血时间应控制在 5～15min 之间。

烫毛水温对煺毛质量影响很大，在这里讲的水温是指将放血后的家禽放入后的水温，当年鸡应控制在 58～63℃之间，超过一年的鸡则控制在 62～65℃之间为宜，而鸭和鹅煺毛水温应控制在63～68℃之间。水温过高则肉皮中胶原蛋白发生明胶化，膨胀使毛孔收缩，拔毛时会边皮带毛一起脱落，造成体表缺陷；而温度过低则难以去毛，特别是尾部和翅膀上的大羽毛。实际操作过程中，在放入家禽之前，水温的高低应根据水的多少和季节而定，水多时，家禽放入后对水温影响不大，可以将水调整至所需要的温度或稍高些即可，如工业化生产中即可采用此方法；而水少时，放入家禽后水温会迅速降低，因此水温应比目标温度高出很多，特别是冬季，在一个小容器内烫一只鸡时，水温需要超过 80℃才能烫透。

(3) 修整与拔血　家禽煺毛后要去除内脏并进行必要的整理。去除内脏有右翅下开口和腹部开口等方法，不论哪种方法，开口要尽量小，以免影响造型和产品外观。去除内脏时要防止弄破胃肠道及胆囊，特别是割除肛门和大肠时要特别小心，以免造成污染，并根据要求去净内脏。此外，修整过程中要去除喙和舌的硬壳、小腿和爪的硬皮，并割除尾尖上方的脂尾腺。

通常修整干净的白条要放在清水中浸泡一定时间以除去残余的血水，特别是在鸭和鹅产品加工中，这种拔血的过程对肉质细白、新鲜风味等产品特征的形成至关重要。拔血过程中，要注意水温和浸泡时间，夏季浸泡水温要在12℃以下，时间不要超过2h。

17. 头蹄等原料的净毛与胃肠道等原料的除臭问题

在酱卤肉制品加工中，以头、蹄和胃肠道等副产品为原料的产品类型很多，为此，我国每年都要从国外进口大量副产品。由于头、蹄等原料表面凹凸不平，其中凹陷处生长的细绒毛难以去除；胃肠道等原料内表面覆盖一层黏液，含有大量微生物，往往有臭味，清洗和除臭是保证产品质量的关键工序，但往往较困难。因此，处理这些原料是许多生产者面临的难题。

民间一些加工者将头、蹄等原料放入熔化的沥青中，使其表面附着一层沥青后立即放入冷水中，待沥青凝固后，剥离沥青，这种方法可以将绒毛去除干净。但由于沥青对人体有害，这是绝对不允许的做法。过去我国曾允许使用松香脱除头、蹄等原料上绒毛，道理与沥青相似。由于松香易燃，并且有一定毒性，目前国家已经禁止使用，但允许使用一种毒性很小的松香衍生物，除毛效果与松香相同。在工业化生产中，火焰喷射是去除头、蹄等原料表面绒毛的有效措施，但需要掌握火焰大小、火焰与原料的距离以及处理时间等关键技术。火焰过大或与原料的距离太近，则会将表面肌肉烤熟，相反则不能去除毛根，必须准确控制。目前，我国酱卤头、蹄等产品生产量最大的山东喜旺集团已经拥有机械连续化火焰喷射除毛设备与技术，使用该技术能够在不影响原料表面品质的情况，将绒毛及毛根去除。

在胃肠道等原料的内表面黏液清洗和除臭方面，我国烹饪文化中有丰富的经验。将原料放在含有纯碱、醋或食盐的溶液中浸泡，或在内表面涂擦食盐进行反复揉搓，再用清水反复清洗即可除去黏液，并除去臭味。这些措施在相关产品的加工工艺中都有介绍。

第四章　酱卤肉制品加工工艺

第一节　白煮肉制品加工

白煮肉制品是酱卤肉类未经酱制或卤制的一个特例，是肉经（或不经）腌制，在水（或盐水）中煮制而成的熟肉类制品。白煮肉制品以冷食为主，一般在食用时再调味，吃时切成薄片，蘸以少量酱油、芝麻油、葱花、姜丝、香醋等。白煮肉制品主要有白切肉、白斩鸡、盐水鸭、白切猪肚等。

一、白切肉

白切肉又称白煮肉、白片肉、白肉，为北京传统名菜，源于明末的满族，至今约有300多年历史，清朝入关后从宫中传入民间。白切肉是用去骨猪五花肉白煮而成，其特点是肥而不腻，瘦而不柴；蘸上调料，就着荷叶饼或芝麻烧饼吃，风味独特。北京“砂锅居”饭庄制作的白切肉最为著名。传说清乾隆六年（1741年）“砂锅居”初建时，用一口直径133cm的大砂锅煮肉，每天只进一口猪，以出售白肉为主。由于生意兴隆，午前便卖完摘掉幌子，午后歇业，于是在民间逐渐流传开一句歇后语：“砂锅居的幌子——过午不候”。

（一）白切肉

1. 工艺流程

原料选择及整理→腌制→煮制→冷却→成品

2. 配方（按100kg猪前后腿肉计，单位：kg）

食盐	13～15	葱	2
姜	0.50	料酒	2
硝酸钠	0.02		

3. 加工工艺

(1) 原料选择　选择卫检合格、肥瘦适度的新鲜优质猪前后腿肉为原料，每只腿斩成2～3块。

(2) 腌制　将食盐和硝酸钠配制成腌制剂，然后将其揉擦于肉坯表面，放入腌制缸中，用重物压紧，在5℃左右腌制。2d后翻缸一次，使食盐分布均匀；7d后出缸，抖落盐粒。

(3) 煮制　第一次制作时，将葱、姜、料酒和清水倒入锅中，再加入腌制好的肉块，宽汤旺火烧开，煮1h后文火炖熟，捞出即为成品。剩余的汤再烧开，撇去浮油，滤去杂物和葱姜，即为老汤。以后制作使用老汤风味更佳。

(4) 冷却　煮熟的肉冷却后可立即销售，也可于4℃冷藏保存。

(二) 白切肉家庭制作

1. 工艺流程

原料处理→煮制→成品

2. 配方（按1kg猪肉计，单位：g）

腌韭菜花	10	酱油	50
辣椒油	30	腐乳汁	15
大蒜泥	10		

3. 加工工艺

(1) 原料处理　把猪肉（最好是五花肉）横切成20cm长、10cm宽的条块，刮皮洗净。

(2) 煮制　将肉块皮向上放入锅里，倒入清水，水面没过肉块10cm；加盖后旺火烧开，再用文火煮（要保持微沸状态，中途不得添水）2h左右。

煮熟后，先捞出浮油，再捞出肉块晾凉，去皮后切成10cm长的薄片；同时把大蒜泥、腌韭菜花、腐乳汁、辣椒油和酱油等调料一并放入小碗内拌匀，用肉片蘸着该调料食用。

二、盐水鸭

盐水鸭是南京著名特产，久负盛名，至今已有400多年历史。它是用肥鸭煮制而成，一年四季皆可制作，腌制期短，可现做现售。其特点是鸭体表皮洁白，鸭肉微红鲜嫩，皮肥骨香、肥而不腻、香鲜味美，具有香、酥、嫩的特点，深受消费者欢迎。每年中秋前后的盐水鸭色味最佳，因时值桂花盛开季节，故美名曰：桂花鸭。《白门食谱》记载："金陵八月时期，盐水鸭最著名，人人以为肉内有桂花香也。"桂花鸭"清而旨，久食不厌"，是下酒佳品。逢年过节或平日家中来客，上街去买一碗盐水鸭，似乎已成了南京世俗的礼节。当时南京城里盛行用鸭制作菜肴，曾有"金陵鸭馔甲天下"的美誉。

（一）盐水鸭工业化生产

1. 工艺流程

原料选择→宰杀→干腌→扣卤→复卤→煮制→冷却→包装→成品

2. 加工工艺

（1）原料选择　选用当年仔鸭，饲养期一般在3～5个月左右，尤其以秋季制作的最为有名。经过稻场催肥的当年仔鸭，长得膘肥肉壮，用这种仔鸭制作的盐水鸭，更为肥美、鲜嫩。

（2）宰杀　颈部切断三管法宰杀放血，60～68℃热水浸烫2min左右，脱毛、齐翅膀处切去两翅，再沿踝关节割下两脚，然后在右翅下横切6～7cm月牙形口，掰断2～3根肋骨，从开口处挖出内脏，拉出气管、食管和血管，用清水把鸭体洗净，再放入12℃以下冷水中浸泡1～2h，浸出肉中残留的血液，使肌肉洁白，挂起晾干。

浸泡时，注意鸭体腔内灌满水，并浸没在水面下，浸泡后将鸭取出，用手指撑开肛门排出体腔内水分，然后把鸭挂起沥水约1h。取晾干的鸭体置于案子上，用力向下压，将胸骨、肋骨和三叉骨压脱位，将胸部压扁。此时鸭体呈扁而长的形状，外观显得肥大而美观，并能够节省腌制空间。

（3）干腌　干腌要用炒盐。将食盐与八角按100∶6的比例在锅中炒制，炒干并出现八角香味时即成炒盐。炒盐要保存好，防止回潮。将炒制好的盐按鸭体重的6%～6.5%进行腌制，其中的3/4的食盐从右翅开口处放入腹腔，并前后左右反复翻动鸭体，使盐均匀布满整个腔体；其余1/4的盐量用于鸭体表腌制，重点擦抹在大腿、胸部、颈部开口处。鸭体擦盐后叠入缸中，叠放时使鸭腹向上背向下，头向缸中心尾向周边，逐层堆叠。气温高低决定干腌的时间，一般为2～4h。

（4）抠卤　干腌后的鸭子，鸭体中有血水渗出，此时提起鸭子，用手指插入鸭子的肛门，使血卤水排出，此过程俗称“抠卤”或“扣卤”。抠卤后把鸭体放入另一缸中堆叠，2h后再一次抠卤，接着进行复卤。

（5）复卤　复卤又称湿腌。复卤的盐卤有新卤和老卤之分。新卤是用抠卤血水加清水和食盐配制而成。每100kg清水加食盐35～37kg、葱75g、生姜50g、八角15g，入锅煮沸后，冷却至室温即成新卤。100kg盐卤可每次复卤约35只鸭，且每复卤一次要补加适量食盐，使盐浓度始终保持饱和状态。盐卤用5～6次后必须煮沸一次，撇除浮沫、杂物等，同时加盐或水调整浓度，加入香辛料。新卤使用过程中经煮沸2～3次即为老卤，老卤愈老愈好。复卤时，用手将鸭体右翅下切口撑开，使卤液灌满体腔，然后抓住双腿提起，头向下尾向上，使卤液灌入食管通道；再次把鸭体浸入卤液中并使之灌满体腔，最后用竹箅压住最上面鸭体使其浸没在液面以下，不得浮出水面。复卤2～4h即可出缸起挂。

（6）烘坯　腌制后的鸭体沥干盐卤，逐只挂于架子上，推至烘房内以除去水气。烘房温度40～50℃，烘制时间20min左右，烘至鸭体表色未变时即可取出散热。注意煤炉烘炉内要通风，温度不宜高，否则将影响盐水鸭品质。也可将鸭体取出挂在通风处吹干。

（7）上通　用直径2cm、长10cm左右的中空竹管插入肛门，俗称“插通”或“上通”。再从右翅开口处向每只鸭体腔内填入姜2～3片、八角2粒、葱1根，然后用开水浇淋鸭体表，使鸭子肌肉收缩，外皮绷紧，外形饱满。

(8) 煮制　南京盐水鸭腌制期很短，几乎都是现作现卖，现买现吃。一般制作，要经过两次“抽丝”（沥水）。具体操作为：在清水中加入适量的姜、葱、八角，待烧开后停火，再将“上通”后的鸭子放入锅中，因为肛门有管子，右翅下有开口，开水很快注入鸭腔。此时鸭腔内外的水温不平衡，应该马上提起左腿倒出汤水，再放入锅中。但此时鸭腔内的水温还是低于锅中水温，需要向锅中加入总水量六分之一的冷水，使鸭体内外水温趋于平衡。然后盖好锅盖，烧火加热，焖15～20min，待水面出现丝丝皱纹，水将沸未沸（水温约90℃）可以“抽丝”时停火。停火后，第二次提腿倒汤，加入少量冷水，再焖10～15min。然后再烧火加热，进行第二次“抽丝”，水温始终维持在85℃左右（温度过高会导致脂肪熔化，肉质变老，失去鲜嫩特色）。这时打开锅盖看是否煮熟，若大腿和胸部两旁肌肉手感绵软，并且膨胀起来，说明鸭子已经煮熟。

(9) 冷却、包装　将鸭体冷却至30℃左右，真空包装。

3. 食用方法

煮熟后的鸭子冷却后切块，取煮鸭的汤水适量，加入少量的食盐和味精，调制成最适口味，浇于鸭肉上即可食用。注意切块时必须晾凉后再切，这时脂肪凝结，肉汁不易流失，否则热切肉汁容易流失，鸭肉容易发散、切不成形。

4. 工艺关键

(1) 鸭子必须洗净，去除肾臊，否则会有异味。

(2) 在煮制过程中，火候对盐水鸭的鲜嫩口味相当重要，是制作盐水鸭好坏的关键。

(二) 盐水鸭家庭制作

1. 工艺流程

原料选择和整理 → 腌制 → 烫皮 → 煮制 → 成品

2. 配方

肥鸭(1只)	2kg	姜	适量
八角	适量	葱	适量
食盐	100～150g		

3. 加工工艺

(1) 原料选择和整理　可参考前面所述方法进行操作。

(2) 腌制　先用炒盐涂擦鸭体腔和体表，用盐量为100～150g，擦后码堆腌制2～4h，然后用盐卤复腌2～3h即可出缸。

(3) 烫皮　复腌后的鸭坯，用长6cm的空竹管插入肛门，再从开口处填入姜2～3片、八角2粒、葱1～2根，然后用沸水浇淋鸭体表使肌肉和外皮绷紧。

(4) 煮制　在清水中加入葱、姜、八角煮沸，停止烧火，将鸭体放入，待开水进入腹腔后，提起鸭头放出热水，再将鸭体放入锅中灌入热水，盖上锅盖，焖煮20min。然后加热升温到水似开未开时，提鸭倒汤，再入锅焖煮20min后，第二次加热升温至90～95℃，再次提鸭倒汤，再焖5～10min，即可起锅。

三、肴肉

肴肉是镇江著名的传统肉制品，久负盛名，具有香、酥、鲜、嫩四大特色，瘦肉色红，香酥适口，食不塞牙，肥肉去膘，食而不腻。食用时佐以镇江香醋和姜丝，更是别有风味。相传在清代初年即有肴蹄加工，清光绪年间修纂的《丹徒县志》上就有“肴蹄”的记载，故又称水晶肴蹄。又因肴肉皮色洁白，晶莹碧透，卤冻透明，肉色红润，肉质细嫩，味道鲜美，故还有水晶肴肉之称。

(一) 肴肉

1. 工艺流程

原料选择及整理→腌制→煮制→压蹄→成品

2. 配方（按100只去爪猪蹄膀计，平均每只重约1kg，单位：kg）

食盐	13.5	葱	0.25
八角	0.075	明矾	0.03
姜片	0.125	花椒	0.075
绍酒	0.25	硝水	3

注：硝水为0.03kg硝酸钠拌和于5kg水中得到。

3. 加工工艺

（1）原料选择及整理　一般要求选70kg左右的薄皮猪，以在冬季肥育的猪为宜。取猪的前后腿（以前蹄膀制作的肴肉为最好），除去肩胛骨、臂骨与大小腿骨，去爪、去筋、刮净残毛，洗涤干净，然后置于案板上，皮朝下，用铁钎在蹄膀的瘦肉上戳小洞若干。

（2）腌制　用食盐均匀揉擦整理好的蹄膀表皮，用盐量占6.25%，务求每处都要擦到。然后将蹄膀叠放在缸中腌制，放时皮面向下，叠时用3%硝水洒在每层肉面上。冬季腌制需6～7d，甚至达10d之久，用盐量每只约90g；春秋季腌制3～4d，用盐量约110g，夏季只须腌6～8h，需盐量125g左右。腌制的要求是深部肌肉色泽变红为止。出缸后，用15～20℃的清洁冷水浸泡2～3h（冬季浸泡3h，夏季浸泡2h），适当减轻咸味，除去涩味，同时刮除皮上污物，用清水洗净。

（3）煮制　取清水50kg、食盐4kg及明矾15～20g放入锅中，加热煮沸，撇去表层浮沫，使其澄清。将上述澄清盐水注入另一锅中，加入黄酒、白糖，另取花椒、八角、鲜姜、葱分别装在两只纱布袋内，扎紧袋口，放入盐水中，然后把腌好洗净的蹄膀放入锅内，蹄膀皮朝上，逐层摆叠，最上一层皮面向下，并用竹篾盖好，使蹄膀全部浸没在汤中。然后用旺火烧开，撇去浮在表层的泡沫，用重物压在竹盖上，改用小火煮，温度保持在95℃左右，时间为90min，再将蹄膀上下翻换，重新放入锅内再煮3～4h（冬季4h，夏季3h），用竹筷试一试，如果肉已煮烂，竹筷很容易刺入，这就恰到好处。捞出香料袋，肉汤留下继续使用。

（4）压蹄　取长宽均为40cm、边沿高4.3cm的平盆，每个盆内平放猪蹄膀2只，皮朝下。每5只盆叠压在一起，上面再盖空盆1只。20min后，将盆逐个移至锅边，把盆内的油卤倒入锅内。用旺火把汤卤煮沸，撇去浮油，放入清水和剩余明矾，再煮沸，撇去浮油，将汤卤舀入盆中，使汤汁淹没肉面，放置于阴凉处冷却凝冻(天热时凉透后放入冰箱凝冻)，即成晶莹透明的浅琥珀状水晶肴肉。煮沸的卤汁即为老卤，可供下次继续使用。

镇江肴肉宜于现做现吃，通常配成冷盘作为佐酒佳肴。食用时切成厚薄均匀、大小一致的长方形小块装盘，并可摆成各种美丽的图案。食用肴肉时，一般均佐以镇江的又一名产——金山香醋和姜丝，这就更加芳香鲜润，风味独特。

(二) 肴肉罐头

1. 工艺流程

原料选择 → 腌渍 → 漂洗 → 预煮 → 切块 → 注汤 → 密封 → 杀菌 → 冷却 → 成品

2. 配方(按100kg猪肉计，单位：kg)

食盐	3	预煮调味料	40
明矾	2～3g	味精	50g
亚硝酸钠	10g		

预煮调味料配方(单位：kg)

花椒	0.1	八角	0.2
姜	0.5	食盐	0.5
葱	1	水	40

3. 加工工艺

(1) 原料选择　选择去皮、去骨猪肉为原料，尤以前后腿肉为佳。

(2) 腌渍　将食盐和亚硝酸钠(将亚硝酸钠溶于5kg水中)加入猪肉中，拌匀后放入容器，立即于2～6℃冷库内腌渍3～5d。腌后肉色呈鲜红色，气味正常。

(3) 漂洗　腌渍后漂洗1h，以洗去污物，然后在沸水中淋浸

20min，取出再清洗1次，去除血蛋白、污物等。

(4) 预煮、切块　将猪肉与调味料在95～98℃预煮60～70min，取出平铺在工作台面上自然冷却。然后切成厚1～1.5cm、长7～8cm的块形。

(5) 注汤　在上述配料预煮汤中加入明矾，澄清汤汁，除去沉淀物后加入味精。然后将肉块放入罐中，注入此汤汁。

(6) 密封、杀菌及冷却　密封中心温度不低于75℃，杀菌式（排气）15min—25min—15min/121℃，反压冷却。

四、白斩鸡

（一）上海白斩鸡

白斩鸡始于清代的民间酒店，因烹鸡时不调味白煮而成，食用时随吃随斩，故称“白斩鸡”。又因其用料是上海浦东三黄鸡（脚黄、皮黄、嘴黄），故又称三黄油鸡。后来上海各饭店和熟食店都经营“白斩鸡”，不仅用料精细，而且还用熬熟的“虾子酱油”同鸡一起上桌蘸食。清代《调鼎集》记载了“白斩鸡”的两种制法：“肥鸡白片，自是太羹元酒之味（指原汁原味），尤宜于下乡村，入旅店，烹饪又及时最为省便。又，河水煮熟，取出沥干，稍冷，用快刀片取，其肉嫩而皮不脱，虾油、糟酒、酱油俱可蘸用。”如今以上海小绍兴酒家经营的“白斩鸡”最为著名。由于该店坚持选用三黄鸡烹制白斩鸡，质量好，滋味鲜美，颇受广大顾客欢迎，并闻名全国。

1. 工艺流程

原料选择→宰杀→整理→白煮→成品

2. 加工工艺

(1) 原料选择　必须选用上海市郊浦东、奉贤、南汇出产的优良三黄鸡，要求体重在2kg以上，公鸡必须是当年鸡，母鸡要隔年鸡。因为这一带的鸡多散养，吃活食，光照时间长，肉质鲜嫩，皮下脂肪丰富。

(2) 宰杀、整理　杀鸡时刀口要小，血要放净，再放入65～

68℃左右的热水中浸烫，煺净全身羽毛，切去鸡爪，在鸡颈背部开口取出气管、嗉囊，在肛门上方开 3～6cm 长的口子，取出内脏，洗干净鸡身内外，沥干水分。

（3）白煮　锅内放清水，烧沸，手提鸡头，将整只鸡入沸水中浸烫一下即提起，倒出腹腔内水分，再下锅浸烫，如此连续浸烫 4～6 次（次数依鸡的老嫩而定），使鸡身内外受热均匀。然后在锅内加少许冷水，使汤汁落开，再将鸡放入锅中，加锅盖，微火煮 20min，同时锅内汤汁保持微沸状态；翻动鸡身，再煮 10min 左右至鸡浮上水面，立即捞入凉开水内浸凉。然后晾干表皮水分，涂上香油，即可改刀食用。

食用时，佐以葱、姜末、香油、酱油等调料，味极鲜嫩可口。

（二）白斩鸡

1. 工艺流程

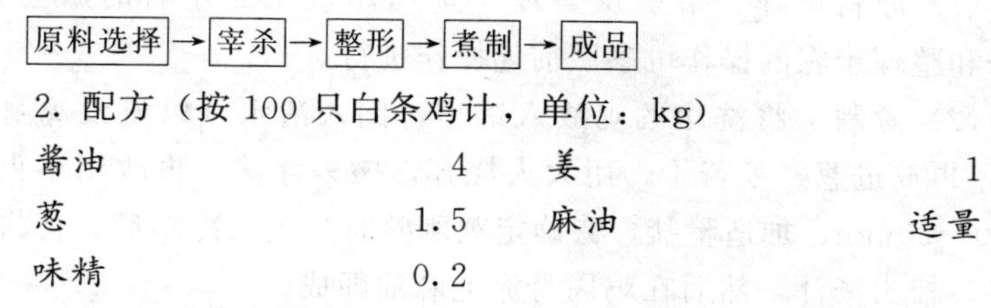

2. 配方（按 100 只白条鸡计，单位：kg）

酱油	4	姜	1
葱	1.5	麻油	适量
味精	0.2		

3. 加工工艺

（1）原料选择　选用当地阉割后经育肥的健康母鸡或公鸡，体重 1.3～2.5kg 为好。

（2）宰杀、整形　采用三管切断法宰杀，放净血，用 65℃左右热水烫毛，去大小羽毛，洗净全身。在腹部距肛门 2cm 处，剖开 5～6cm 长的横切口，取出全部内脏，用水冲洗干净体腔内的淤血和残物，把鸡的两脚爪交叉插入腹腔内，两翅撬起弯曲在背上，鸡头向后搭在背上。

（3）煮制　将清水煮至 60℃，放入整好形的鸡体，煮沸后，改用微火煮 7～12min。煮制时翻动鸡体数次，将腹内积水倒出，以防不熟。然后把鸡捞出后浸入冷开水中冷却几分钟，使鸡皮骤然收缩，皮脆肉嫩。最后在鸡皮上涂抹少量麻油即为成品。

食用时，将酱油、姜、葱等辅料混合配成佐料蘸着吃。

（三）广东白斩鸡

白斩鸡是粤菜鸡肴中最普通的一种，每逢佳节，是宴席上不可缺少又是最受欢迎的菜肴。其特点是制作简易，刚熟不烂，不加配料且保持原味。

1. 工艺流程

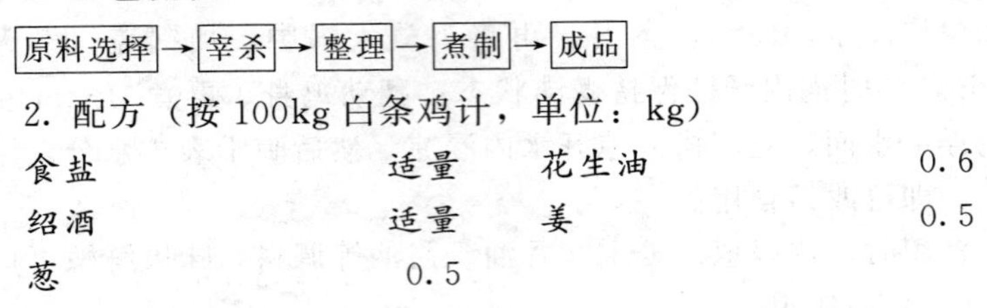

2. 配方（按 100kg 白条鸡计，单位：kg）

食盐	适量	花生油	0.6
绍酒	适量	姜	0.5
葱	0.5		

3. 加工工艺

（1）原料选择、宰杀及整理　选择体重 1kg 左右的嫩公鸡。宰杀和整理步骤的操作可参照前述操作进行。

（2）煮制　将洗净的鸡放入锅里，倒入清水（以淹没鸡身为宜），再放进葱、姜若干，用大火烧开，撇去浮沫，再改用小火焖煮 10～20min，加适量盐，待确定鸡刚熟时，关火冷却后，再将鸡捞出，控去汤汁，然后在鸡周身涂上麻油即成。

将葱、姜切成细丝并与食盐拌匀，然后用中火烧热炒锅，下油烧至微沸，淋在其上，供佐膳用。食用时斩成小块，蘸着佐料吃。

（四）白斩鸡家庭制作

1. 配方

嫩鸡	1 只	香菜	5g
酱油	25g	麻油	10g

2. 加工工艺

（1）选择体重 1.25kg 的嫩鸡为原料。按照前述方法宰杀后用八成热的水烫透，煺去毛挖去内脏，洗净后放在开水锅中（以淹没鸡为度），用小火约浸 1h 左右（水不能滚沸，以免鸡皮破裂），用竹签戳一下鸡腿肉，如已经断血，即可捞起，自然冷却。

（2）将煮熟的鸡从背脊剖开斩成两片，切去两腿，随即取鸡脯肉1块，斩成6.6cm长、1cm宽的条块，修齐成刀面放在一边待用；另一块鸡脯斩成块后，用修下的碎鸡肉一起装在盆当中，再将两只鸡腿用斜刀斩成6.6cm长、1cm宽的条块，整齐地排在鸡块两边；然后将斩好的刀面覆盖在上面，略带桥形，上面放上香菜。酱油装碟，加入麻油，同白斩鸡一起蘸吃。

五、桶子鸡及桶子鸭

（一）马豫兴桶子鸡

马豫兴桶子鸡是河南省开封市的传统历史名产，创始于北宋年间。清咸丰三年（公元1853年），桶子鸡技艺的传人马氏后裔在开封古楼东南角设“马豫兴鸡鸭店”沿袭至今，因其形似圆桶而得名。马豫兴桶子鸡以选料严格、制作精细、味道独特而久负盛誉，历经一百多年而久销不衰。

1. 工艺流程

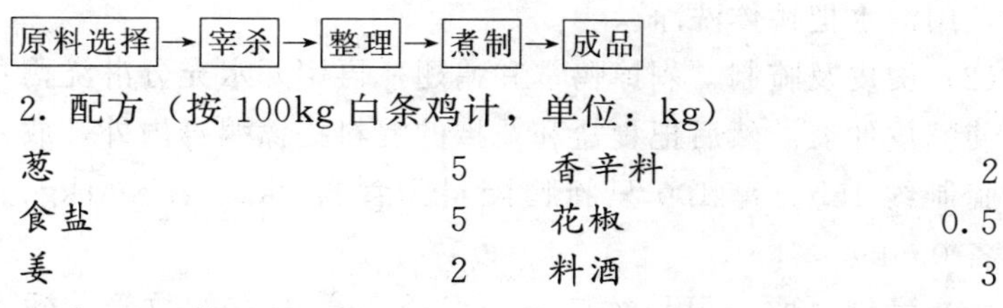

2. 配方（按100kg白条鸡计，单位：kg）

葱	5	香辛料	2
食盐	5	花椒	0.5
姜	2	料酒	3

3. 加工工艺

（1）原料选择　一律选用生长期一年以上，体重在1.2kg以上的活母鸡，要求鸡身肌肉丰满，脂肪厚足，胸肉较厚为最佳。

（2）宰杀、整理　母鸡宰杀后洗净，剁去爪，去掉翅膀下半截的大骨节，从右翅下开5cm长的月牙口，手指向里推断三根肋骨，食指在五脏周围搅一圈后取出；再从脖子后开口，取出嗉囊，冲洗干净。两只大腿从根部折断，用绳缚住。

（3）煮制　先用部分花椒和盐放在鸡肚内晃一晃，使盐、花椒均匀浸透。再将洗净的荷叶叠成长7cm、宽5cm的块，从刀口处塞入，把鸡尾部撑起。然后用秫秸秆一头顶着荷叶，一头顶着鸡脊背处，把鸡撑圆。将白卤汤或老汤烧开撇沫，先将桶子鸡浸入涮一下，紧皮后再下入锅内，放入香辛料（用稀布包住）、料酒、葱、姜。煮沸后小火上焖半小时左右，捞出即成。

食用时，把鸡分为左右两片，每片再分前后两部分，剔骨斩块装盘，吃起来脆、嫩、香、鲜具备，别有风味。桶子鸡最好的部位是鸡大腿，味道香，口感好，几个鸡大腿切成细片，是凉菜中的上等品。

（二）成都桶子鸭

1. 工艺流程

原料选择→宰杀→烫皮→腌制→煮制→成品

2. 加工工艺

（1）原料选择及宰杀　选用新鲜优质当年鸭为原料。采用颈部切断三管法宰杀放血，64℃左右热水中浸烫脱毛，然后在右翅下横切6～7cm左右月牙形口，从开口处挖出内脏，拉出气管、食管和血管，用清水把鸭体洗净。

（2）烫皮及腌制　剁掉鸭掌和鸭翅，再用开水充分淋浇鸭身内外，使鸭皮伸展。然后把食盐和花椒的混料搓擦鸭身内外，放入容器中腌制约15h。每100只腌鸭配料为食盐2kg、花椒1kg、葱、鲜姜各0.5kg。

（3）煮制　取一根长约7cm、直径2cm左右的竹管，插入鸭肛门，一半入肛门里一半在外，以利热水灌入体腔。再将生姜2片、小葱3根、八角2颗从右翅下刀口处放入鸭腔。然后锅中加清水，同时放入适量生姜、八角、葱，烧沸后，将鸭放入沸水中浸一下，提起鸭左腿，倒出体腔内水分，再放入锅中，使热水再次进入鸭体腔内。然后加入约占锅内水量1/3的凉水，盖上锅盖焖煮20min左右。接着继续加热，待水温约90℃，再一次提起鸭体倒出腔内水分，并向锅中加入少量凉水，然后把鸭放入水中焖煮15min左右。再次加热到90℃左右，立即将鸭取出，冷却后切块即可食用。

六、白切羊肉

“白切羊肉”系湖北宜都县传统名菜，至今已有 80 多年的历史。白切羊肉选长阳山羊肉的夹腿部位为主料，以当地手工方法所酿窝子酱油等调料煮制而成。成品色鲜味醇，肉质紧密，酱香浓郁，风味别致，是秋冬季节的时令佳肴。食用时佐以葱段、香醋、甜面酱、辣椒油。

（一）白切羊肉一

1. 工艺流程

原料选择及整理→煮制→压制→成品

2. 配方（按 100kg 羊肉计，单位：kg）

窝子酱油	8	食盐	0.4
鲜姜	4	羊筒子骨	80 根
小茴香	0.4	香油	1
桂皮	0.4	白糖	4
葱	1	丁香	0.1
黄油	2	花椒	0.4
八角	0.6	陈皮	1

3. 加工工艺

（1）原料选择及整理　选用符合卫生检验要求的长阳山新鲜羊夹腿肉，然后切成长 20cm、宽 13cm、厚 5cm 的长方块，清洗干净。同时将羊筒子骨洗净。

（2）煮制　锅内加 100kg 清水。将八角、丁香、桂皮、花椒、小茴香、陈皮装进小白布袋中，捆好袋口，做成香料袋。将羊筒子骨放在锅底，香料袋放在筒子骨中间，羊肉放在上面，顺码成梳子背形。生姜拍松，香葱挽结，和食盐、窝子酱油、黄酒、白糖一起放入锅中煮开后，改用微火加盖焖煮 40min 取出。羊肉不要煮过烂，煮制过程注意保持肉块形状完整。

（3）压制　将煮好的肉块整齐地摆在铺有白布的案子上包好，压上木板，放重物进行压制，约 10h 即可。

食用时将压好的肉块改切成长 5cm、宽 3cm、厚 0.3cm 的长方片，码入盘中，叠成元宝形，叠好的羊肉立即刷上小磨香油即可。

（二）白切羊肉二

1. 工艺流程

原料整理→煮制→冻凝→成品

2. 配方（按100kg羊肉计，单位：kg）

白萝卜	10	陈皮	1
葱	2	生姜	2
料酒	2	佐料	10

注：佐料由细姜丝、青蒜丝、甜面酱、辣椒酱混合而成。

3. 加工工艺

（1）原料整理　将羊肉切块、洗净，在水中浸泡2～4h，捞出控水。

（2）煮制　将羊肉块放入锅中，加清水，放入白萝卜，大火烧开，去掉血污后，捞出羊肉。锅内另换新水，放回羊肉，加入葱段、生姜（拍松）、陈皮等调料，用旺火烧开，撇去浮沫，加入料酒，改为中火煮熟。

（3）冻凝　将肉捞出，摊于平盘中。将锅中卤汁再次烧开，撇净浮油，留下部分倒入羊肉盘内，晾凉，放入冰箱冷冻。

食用时取出切成薄片装盘，蘸佐料吃。

（三）上海白切羊肉

1. 工艺流程

原料清洗→煮制→剔骨→冻凝→成品

2. 配方（按带皮去爪羊腿100只计，单位：kg）

白萝卜	0.1	甜面酱	5
姜	0.5	葱	1
黑枣	0.5	白糖	2

3. 加工工艺

（1）原料处理、煮制及剔骨　将羊腿洗净，加清水和白萝卜段煮沸，小火焖10min，捞起洗净。锅内复加水，放入羊腿、黑枣、葱、姜，用旺火煮沸，再改用小火煨至皮脆，稍冷捞起，趁热剔骨。

（2）冻凝　将剔骨羊肉置于清洁木板上，用清洁布覆盖在羊皮上，按压结实，自然冷却。

食用时将羊肉切片装盘，用甜面酱加冷开水和白糖调制成酱汁，供蘸食。

（四）白水羊头肉

白水羊头肉是北方人喜欢吃的传统食品。洁净的白色肉片，醮着特制的花椒盐，吃起来脆嫩清鲜、醇香不腻。

1. 工艺流程

原料选择及处理→煮制→拆骨→切片→成品

2. 加工工艺

（1）原料选择及处理　选用两三岁的白色褐羊头，即被阉割的公羊，浸泡洗刷，摘除忌食物，做到无毛、无杂质、无血污。

（2）煮制　在火锅内放好垫锅箅子，然后把羊头逐个码放锅中，放入凉水，水要淹没羊头，用旺火把水烧开，进行“打泛”。血沫撇净后，改用文火煮2～3h。待羊头熟烂，手触羊头肉富有弹性，羊耳朵不支棱着，即可出锅。

（3）拆骨　拆羊头要趁热，不能等羊头凉透拆。拆骨时要保持羊头肌肉的部位完整，不能拆碎，拆骨时要注意手的卫生，先消毒再操作。

（4）切肉片　把羊头肉切成薄薄的肉片，切片非常讲究刀工，先好部位，再用大刀片，刀由里往外推拉切成又大又薄的肉片。

食用时，把盐和花椒、八角用文火炒熟，然后粉碎过箩，成粉末状，即成羊头肉的理想佐料。

七、佛山扎蹄

佛山扎蹄，又称酝扎猪蹄、佛山酝扎蹄，至今已流传一百多年，以老字号“得心斋”制作为佳品。佛山扎蹄制法特殊，配料考究，以“五香和味、皮爽肉脆”而驰名，是佛山特产之一。佛山扎蹄有两种形式，一是用整只猪蹄酝制而成；一是用猪蹄开皮，抽去脚筋和骨，再用猪肥肉夹着猪精瘦肉包扎在猪蹄皮内酝制。所谓“酝”，就是用慢火煮浸。前者制作工序较少，后者制作工序较多，但两者都为佛山人所喜食。由于后者是用水草扎着来酝制，所以名叫“扎蹄”。

（一）佛山扎蹄一

1. 工艺流程

原料修整→腌制→扎蹄→煮烧→成品

2. 配方

（1）精肉片腌制液（按 50kg 精肉计，单位：kg）

食盐	0.75	五香粉	0.1
白酒(50°)	0.75	酱油	2.5
白糖	1.5		

（2）扎蹄腌制液（按 50kg 精肉和肥膘计，单位：kg）

酱油	2.5	五香粉	0.1
芝麻酱	0.5	白酒(50°)	0.75
白糖	1.5		

（3）煮蹄用配料（按扎蹄生坯 40kg 计，单位：kg）

食盐	2	甘草	0.2
白糖	3	白酒(50°)	1
八角	0.2	川椒	0.1
酱油	5	桂皮	0.2
硝酸钠	0.02		

3. 加工工艺

（1）原料修整　加工扎蹄的原料有精肉、肥膘和猪蹄皮，其重量比为 65∶20∶15，猪蹄皮可用猪皮代替。先将猪蹄刮尽细毛洗净，然后从猪蹄后面开刀，将皮分开，去骨及筋膜，再用刀将皮下脂肪刮尽；精肉去尽筋膜和脂肪，切成 0.4cm 厚的薄片；肥膘用冷水洗净后用刀切成与精肉一样的薄片待用。

（2）腌制　先将精肉片腌制配料全部拌匀，然后加精肉片再拌匀，腌制约20min后在烤炉中烤熟。再将肥膘片用盐腌制10h待用，每50kg肥膘片用盐3～3.5kg。将烤熟的精肉片和腌制后的肥膘片与扎蹄腌制液配料全部拌匀，腌制约20min。

（3）扎蹄　将经扎蹄配料腌制后的精肉片和白膘片分别交错地夹嵌在猪蹄皮中间卷成圆筒形，外用水草或细麻绳绕紧。由于猪蹄皮面积可能较小，中间嵌满肉片后，两边不能合拢，在空档处可用薄竹片或猪皮嵌入，外面再扎水草或细绳，若用大张猪皮，则不存在此问题。

（4）煮烧　扎蹄生坯40kg入锅，加水100kg及全部煮蹄配料，用文火焖烧2.5h，出锅即为成品。

（二）佛山扎蹄二

1. 工艺流程

原料修整→腌制→制馅→煮熟→冷卤浸泡→成品

2. 配方

（1）第一次瘦肉腌制配方（按100kg瘦肉计，单位：kg）

白酒	0.4	食盐	0.25
五香粉	0.02	白糖	0.7
酱油	0.5		

（2）第一次肥肉腌制配方　除不用酱油外，其余同第一次瘦肉腌制配方。

（3）第二次瘦肉腌制配方（单位：kg）

白酒	0.4	白糖	0.7
五香粉	0.2	生抽王	0.5
香油	0.15		

（4）卤水的配方（按清水50～70kg计，单位：kg）

八角	0.2	草果	0.2
桂皮	0.5	汾酒	0.5
花椒	0.2	小茴香	0.2
食盐	3	丁香	0.05
甘草	0.1	莲子	0.2

3. 加工工艺

(1) 原料修整　选用肉嫩皮薄、重约0.5kg左右猪蹄，去毛、洗净，用刀取出全部骨头、筋络，脚皮不带肉，不破不损，保持完整。夏天还须把脚皮翻转，擦些盐粒，以防变质。按瘦肉350g、肥肉200g的比例，把肥瘦肉切成条状，厚度约0.3cm，修去筋络、杂质，然后腌制。

(2) 腌制　先将腌制配料全部拌匀，然后在第一次瘦肉腌制配料中加瘦肉条拌匀，腌制约20min后入烤炉烤至五成熟，取出后加入第二次瘦肉腌制配料再腌制15min左右。同时将肥肉腌制待用。腌好后按猪蹄长短切好。

(3) 制馅　将以上腌好的肥瘦肉作为馅，瘦肉在底，肥肉在上，一层一层地装满猪蹄皮为止。然后用水草均匀地捆扎6～7圈。注意造型美观，不能扎成一头大一头小，要扎牢，避免松散。

(4) 煮熟　用稀麻布将八角、小茴香、甘草、草果、桂皮、莲子包成一袋，与扎好的猪蹄一同放入锅内（先放清水），加少许汾酒，用微火煮，待猪蹄转色约七成熟时，用钢针在蹄上戳孔，除去水面杂质，减小火力，烧熟出锅。

(5) 冷卤浸泡　将猪蹄浸泡在冷卤内12h，取出加少量卤汁和芝麻油即可食用。

4. 工艺要点

(1) 剔猪蹄骨时不要弄破皮，确保皮层完好。

(2) 猪蹄皮裹料后，要仔细捆扎，尽量使扎蹄保持原状。

(3) 卤制时一定要用慢火，并要在皮层上扎若干小孔，否则皮层遇热后会爆裂。

(4) 卤制好的扎蹄须入冰箱冷却后方可除去扎绳、夹板，以保持扎蹄不松散。

八、白切猪肚

(一) 白切猪肚一

1. 配方（按100kg猪肚计，单位：kg）

香菜	1	酱油	2.5
生姜	1	米醋	1
明矾	0.5	香葱	1
黄酒	1	麻油	0.5

2. 加工工艺

（1）原料整理　将猪肚内壁向外翻出，用清水洗净内壁的污物，剪去肥油，而后把猪肚内壁翻到里面，用明矾和米醋擦透，放在清水中洗去黏液，锅内装入清水放在炉灶上用旺火烧沸，把猪肚投入锅内氽水，捞出后用刀刮去白衣，再放入明矾和米醋擦透，放在清水中洗净。

（2）白烧　把铁锅放在炉灶上，倒入清水烧沸，放入猪肚烧滚，加入黄酒、生姜、香葱继续烧，直到猪肚八成烂时取出，用刀沿猪肚长的方向剖开，平摊在案子上并在其上面用重物压住，使猪肚平整，待其自然冷却。

食用时将猪肚切片蘸酱油、麻油即可。

3. 产品特点

具有猪肚自然的白色，肚质鲜嫩，无异味。

（二）白切猪肚二

1. 配方（按猪肚 100kg 计，单位：kg）

桂皮	0.1	葱	0.6
八角	0.1	白糖	0.5
食盐（不包括清洗原料时的用盐）	3	鲜姜	0.4
		味精	0.2
黄酒	1.5		

2. 加工工艺

（1）原料整理　猪肚的清洗可参考"白切猪肚一"的操作进行。将清洗干净的猪肚擦上食盐（约 25kg），边擦边揉，再用清水冲洗干净。然后将猪肚放在 80～90℃的热水内浸烫至猪肚缩小变硬即可捞出，接着刮去白衣、清洗、沥水。

（2）白烧　将桂皮和八角装入纱布袋封口放入盛有清水的锅

中，同时加入食盐，加热煮沸；煮沸后放入猪肚和葱、姜、黄酒，继续煮沸 30min 起锅。起锅前 5min 加入白糖和味精。

第二节　酱肉制品加工

酱肉制品是酱卤肉制品中的主要制品，分为酱制制品和酱汁制品两大类。酱制因制品在制作中使用了较多的酱油，制品色深、味浓而得名，又因煮汁的颜色和经过烧煮后的制品颜色都呈深红色，所以又称红烧制品。另外，酱制品在制作时使用了八角、桂皮、丁香、花椒、小茴等香辛料，因此有些地区也称这类制品为五香制品。酱汁制品是以酱制为基础，加入红曲米使制品具有鲜艳的樱桃红色，使用的糖量较酱制品多，通常在锅内汤汁将干、肉开始酥烂准备出锅时，将糖熬成汁直接刷在肉上，或将糖撒在肉上。酱汁制品色泽鲜艳喜人，口味咸中有甜。酱肉制品品种很多，通常按原料类型进行命名，如酱牛肉、酱羊肉、酱猪肉等。

一、酱牛肉

（一）月盛斋酱牛肉

闻名全国的“月盛斋”创办于清乾隆 40 年（公元 1775 年），距今已有两百多年的历史，是京城著名的老字号，是京韵饮食文化的典型代表，最早是在老前门箭楼的西月墙路南，借这道月形墙取名为月盛斋，有“月月兴盛”之意，后迁至户部街。清嘉庆年间，创始人马庆瑞对原来制作酱羊肉的调料配方进行了修改，并总结出一套经验，加工技艺具有鲜明的民族特色，是在综合吸收了清宫御膳房酱肉技术和民间传统技艺的基础上形成的，借鉴了传统中医“药食同源”的养生学理论，烹饪技艺与食疗、食养相结合，形成具有肉香、酱香、药香、油香融为一体的独有特色。月盛斋的制作技艺世称“三精”、“三绝”，即“选料精良，绝不省事；配方精致，绝不省钱；制作精细，绝不省工”。在火候的控制与运用上，讲究的是“三味”，即旺火煮去味、文火煨进味和兑“老汤”增味。月盛斋有代表性的“两烧、两酱”——“烧羊肉、烧牛肉、酱羊肉、酱牛肉”，被人称作“月新食精湛，盛世品一绝”。月盛斋酱牛肉，也叫五香酱牛肉，是北京的名产之一。该产品选用优质牛肉，洗刷干净进行剔骨，并按部位切分成小块，加盐、酱等酱制而成。

1. 工艺流程

原料选择及整理→调酱→装锅→酱制→成品

2. 配方（按100kg牛肉计，单位：kg）

配方一：

八角	0.700	砂仁	0.133
桂皮	0.133	食盐	3.00～4.00
丁香	0.133	黄酱(或甜面酱)	10.00

配方二：

盐粒	2.75	花椒	0.13
白芷	0.13	丁香	0.19
黄酱	10.00	石榴籽	0.13
肉桂	0.13	八角	0.25
砂仁	0.10		

3. 加工工艺

（1）原料选择及整理　选用膘肉丰满的牛肉，洗净后拆骨，并按部位切成前腿、后腿、腰窝、腱子、脖子等，每块约重1kg，厚度不超过40cm，然后将肉块洗净，并将老嫩肉分别存放。

（2）调酱　一定量水和黄酱拌和，把酱渣捞出，煮沸1h，并将浮在汤面上的酱沫撇干净，盛入容器内备用。

（3）装锅　将选好的原料肉，按肉质老嫩分别放在锅内不同部位（通常将结缔组织较多、肉质坚韧的部位放在底部，较嫩的、结缔组织较少的肉放在上层），锅底及四周应预先垫以骨头或竹篾，使肉块不紧贴锅壁，以免烧焦，然后倒入调好的汤液，进行酱制。

（4）酱制　煮沸后加入各种调味料，并在肉上加盖竹篾将肉完全压入水中，煮沸4h左右。在初煮时将汤面浮物撇出，以消除膻味。为使肉块均匀煮烂，每隔 1h 左右翻倒一次，然后视汤汁多少适当加入老汤和食盐。务必使每块肉均进入汤中，再用小火煨煮，使各种调味料均匀的渗入肉中。待浮油上升、汤汁减少时，将火力继续减少，最后封火煨焖。煨焖的火候应掌握在汤汁沸动但不能冲开汤面上浮油层的程度。待肉全部成熟时即可出锅。出锅时应注意保持肉块完整，用特制的铁铲将肉逐块托出，并将余汤冲洒在肉块上，即为成品。保存时需上架晾干。

（二）复顺斋酱牛肉

复顺斋的创建人姓刘，在前门外门框胡同设有老铺（现已迁到别处），最早叫“刘家铺子”，开业于清康熙年间，距今已有 300 多年历史了，专卖酱牛肉。这个店制作的酱品十分讲究，用前腿、胸口、腱子等部位的牛肉，加入丁香、肉桂、豆蔻、八角、黄酱等各种佐料，用多年的老汤烹煮，据称每当酱牛肉出锅时，肉香四溢，味飘街外，吸引顾客寻味而来，争相购买，一饱口福。复顺斋的酱牛肉肉香味醇，油润红亮，鲜嫩松软，醇香不腻，余味绵长，远近驰名，其味道香美可与月盛斋的烧羊肉相媲美。

1. 工艺流程

选料→调酱配料→紧肉→酱制→成品

2. 加工工艺

（1）选料　复顺斋使用的牛肉，要选用内蒙古六岁草牛的前腿、腹肋、胸口、腱子等部位的精肉。这些部位的特点是瘦嫩相宜，两面见油，制成酱牛肉后，肉质松软，油而不腻，营养丰富。煮肉时用的辅料，是在正规药店选购或从产地采购的丁香、砂仁、豆蔻、白芷、肉桂等优质调味料。这些辅料按一定比例进行配方，然后再加入黄酱、食盐、葱及老汤煮制。

（2）调酱配料　复顺斋的工艺过程要求严格。先将鲜牛肉洗净，切成 1kg 左右重的长方块，然后将黄酱兑水搅成稀粥状，放入食盐，并用细箩过一遍，排除酱渣。将中药佐料配齐研成粉末，装入缝好的布袋内备用。

（3）紧肉　制作时先“紧肉”后酱制。紧肉就是把水烧开后，将切好的牛肉和酱汁一起放入锅内，煮 2h 左右，将肉捞出，清除渣沫。

(4) 酱制　用牛骨垫底再把肉堆码在锅内，放入辅料袋，用竹板和水盆压锅。先用旺火煮 1h，再用文火煮，边煮边兑老汤，这样持续 12h 方可出锅。在文火煨时，要随时察看火候情况，翻 2 次锅。酱制好的牛肉要刷上一层汤汁，经过冷却即为成品。

(三) 清真酱牛肉

1. 工艺流程

原料选择与整理→调酱→装锅→酱制→出锅→成品

2. 配方（按 100kg 牛肉计，单位：kg）

八角	0.50	砂仁	0.25
桂皮	0.25	食盐	3.00
丁香	0.25	黄酱	10.00

3. 加工工艺

(1) 选料整理　选用不肥不瘦的新鲜牛肉，以鲜嫩腱子牛肉为佳。先将选好的牛肉放入清水中，用冷水浸泡 4～6h，把牛肉中的淤血泡出，清水洗净，然后用板刷将肉刷洗 1 次，再用冷水冲洗 4 次，将肉洗净。然后剔除肉中的骨头，将肉切成 0.75～1kg 左右的肉块，厚度不超过 40cm，并放入清水中洗一次，按肉质老嫩分别存放。

(2) 调酱　锅内加入清水 50kg 左右，用凉水或稍加温后，放入食盐用量的 1/2 和黄酱，将黄酱调稀，同时使食盐搅拌均匀。煮沸 1h 后，撇去浮在汤面上的酱沫，盛入容器内备用。

(3) 装锅　将牛肉放入酱汤锅中煮 1h，开锅后把牛肉捞出，将锅中酱沫捞净。先在锅底和四周垫上肉骨头或竹板子，以使肉块不紧贴锅壁，然后按肉质老嫩将肉块码在锅内，老的肉块码在锅底部和四周，嫩的放在上面，将瘦肉、腱子肉、前腿、腔子肉码放中间。

(4) 酱制　肉块在锅内放好后，倒入调好的酱汤或兑进老汤。煮沸后再加入剩余的各种配料，用旺火煮 1h 后压锅。压锅的方法是用竹板子压在牛肉上，竹板上放一装满水的大盆，或用一桶水压住。用压锅板压好后，添足清水，开始用旺火煮制 4h 左右。煮制 1h 后，撇去汤面浮沫，再每隔 1h 翻锅 1 次。根据耗汤情况，适当加入老汤，使每块肉都能浸在汤料中。旺火煮制 4h 后，再用微火煨煮 4～6h，使香味慢慢渗入肉中，然后即可出锅。煨煮时，每隔 1h 翻锅 1 次，使肉块熟烂一致。

（5）出锅　为保持肉块完整，出锅时要用特制的铁拍子，把肉逐块从锅中托出，操作时要做到轻铲稳托放平，并随手舀取锅内原汤冲洗，除去肉块上附着的料渣。出锅后将肉码在消过毒的屉盘上或竹屉内免得把酱牛肉碰碎，冷却后即为成品。每 100kg 生牛肉可出熟肉 55kg 左右。

在切牛腱子肉时，应垂直肌纤维的方向，这样切出来的肉片吃起来会更嫩。

（四）平遥牛肉

平遥牛肉是产于山西平遥、介休一带驰名中外的特产之一。早在明代中期，平遥牛肉已闻名于世，至今已有近 500 年的历史，畅销新加坡、印度尼西亚、朝鲜、蒙古等国。平遥牛肉采用考究的选料方法和独特的制作工艺，产品中钙、铁、锌的含量分别比一般牛肉高 127％、59％、32％，维生素也比一般牛肉高。

1. 工艺流程

腌制→煮制→出锅→成品

2. 加工工艺

（1）腌制　平遥牛肉的腌制方法因季节不同而异。春、秋季节将牛肉切成大块，用刀在每块肉上刺 3 个盐眼，将肉架在杆子上晾一夜，第 2d 放入缸内，按 1kg 肉用盐 120g 的标准，将肉上洒满盐，腌 15d；夏季将牛肉切成较小的块（每 50kg 牛肉切成 16～20 块），每块肉上刺 4 个盐眼，用杆将肉架起，傍晚时，用小木棍撑开盐眼，按 1kg 肉用盐 150g 的标准，将盐塞入盐眼内，到第 2d 食盐全部溶解，将肉放入缸内，在凉爽的地方腌 20d；冬季将牛肉切成大块（每 50kg 牛肉切成 8～12 块），每块肉上刺 2 个盐眼，按

1kg 肉用盐 80g 的标准，将盐塞入盐眼内，放进缸内，在温暖处腌 20d。

（2）煮制　肉腌渍好后，取一铁锅，锅底放垫子两层，倒入足量的清水，尽量避免中途加水，以免影响风味，待锅中清水烧沸后，将腌好的肉分三层码入锅内，最低一层放较硬的肉，中间一层放排骨肉，其他肉放在顶上，锅再沸时改用小火烧煮至 3h 左右，将肉上下翻倒一下，发现肉色尚未发紫时，要立即加入数千克牛油，使香气透不出来，并能保证肉色鲜艳；煮至第 6h，将肉再上下翻倒一次，煮至第 7h 后，进行第三次翻煮锅；煮至第 9h，改成小火，将牛油全部撇出。在煮制过程中反复的将锅内的肉上下翻倒，使肉的加热成熟一致，是保证其风味特点的一个重要因素。

（3）出锅　平遥牛肉的出锅方法因季节不同而异。春秋季节要在灭火后热气散至 8 成时捞出牛肉；冬季要在热气散尽后将牛肉捞出；夏季要在灭火后立即捞出牛肉。在捞出牛肉时，要随捞随用刷子将肉刷干净，以保证有清洁美观的外形。捞出后要放在低温处冷藏起来，不可放在高温地方，也不可让风吹，更不要让飞虫沾污，以免失去香味和变质。

做好的平遥牛肉切成大片装盘即可食用。

（五）普通酱牛肉一

酱牛肉是一种味道鲜美、营养丰富的酱肉制品，它深受消费者欢迎，是佐餐、下酒的上乘之品。

1. 工艺流程

原料选择与整理→烫煮→煮制→成品

2. 配方（按 100kg 精牛肉计，单位：kg）

食盐	6.00	姜	1.00
甜面酱	8.00	小茴香	0.30
白酒	0.40～0.80	大葱	1.00
大蒜	0.10～1.00	五香粉	0.40

注：五香粉包括桂皮、八角、砂仁、花椒、肉蔻。

3. 加工工艺

(1) 原料选择与整理　选择肉质肥嫩、没有筋腱和肥膘的精牛肉作原料，剔去肉块上面覆盖的筋膜、肥肉、淋巴、血管等，把精牛肉切成 0.5～1kg 重的方块，然后将肉块倒入冷水中浸泡 0.5h，清除肉中的淤血，再用清水将肉块洗涤干净，沥干备用。葱需洗净后切成段；大蒜需去皮；鲜姜应切成末后使用。

(2) 烫煮　把肉块放入水中，在 100℃的沸水锅中煮 1h。为了除去腥膻味，可在水里加几块萝卜。烫煮结束后，把肉块捞出，放入清水中浸漂洗涤干净，清洗的水要求达到饮用水标准，多洗几次，清除血沫及萝卜块，洗至无血水为止。

(3) 煮制　在 100kg 左右清水中，加入各种调料同漂洗过的牛肉块一齐入锅煮制，水温保持在 95℃左右（勿使沸腾），煮 2h 后，将火力减弱，水温降低至 85℃左右，在这个温度继续煮制 2h 左右，这时肉已烂熟，立即出锅，冷却后即为成品。成品不可堆叠，须平摆。出品率约在 60%左右。

(六) 普通酱牛肉二

1. 工艺流程

原料选择与整理→煮制→压锅→翻锅→出锅→成品

2. 配方（以 100kg 牛肉计，单位：kg）

干黄酱	10.00	八角	0.30
肉桂	0.20	豆蔻	0.15
食盐	2.70	花椒	0.20
白芷	0.15	砂仁	0.15
丁香	0.30		

3. 加工工艺

(1) 原料选择与整理　选用经兽医卫生检验合格的优质牛肉，除去血污、淋巴等，再切成 750g 左右的肉块，然后用清水冲洗干净，沥干血水待用。

(2) 煮制　煮锅内放少量清水，把黄酱加入调稀，再兑入足够清水，用旺火烧开，捞净酱沫后，将牛肉放入锅内。肉质老的部位，如脖头、前后腿、胸口、肋条等码放在锅底层，肉质嫩的部位，如里脊、外脊、上脑等放在锅上层。用旺火把汤烧开至牛肉收身后，在开锅头上投入辅料，煮制 1h 后进行压锅。

（3）压锅　先用压锅板压住牛肉，再加入老汤和回锅油。回锅油是指上次煮完牛肉撇出的牛浮油，它起到锅盖作用，使牛肉不走味，调料能充分渗入。加好回锅油后，改用文火焖煮。

（4）翻锅　每隔 1h 翻锅一次，翻锅时将肉质老的牛肉放在开锅头上。

（5）出锅　酱牛肉经 6～7h 煮制后即可出锅，把酱牛肉捞在盘子上，用汤油冲掉酱牛肉上的料渣，将酱牛肉放在屉上，最后再用汤油在放好的牛肉上浇淋一遍，然后控净汤油，进入晾肉间晾凉即为成品。

（七）酱牛肉生产新工艺

酱牛肉的传统制法煮制时间长，耗能多，出品率低。人们根据西式火腿的加工原理，将盐水注射、滚揉腌制和低温焖煮等技术应用于酱牛肉生产中，开发了酱牛肉生产新工艺，新工艺酱牛肉肉质鲜嫩，出品率高。

1. 工艺流程

原料选择与整理→配制腌制液→注射→滚揉→煮制→成品

2. 加工工艺

（1）原料选择与整理　选用牛前肩或后臀肉作为原料，去除脂肪、筋腱、淋巴、淤血后，将其切成 2～3kg 的小块。

（2）配制腌制液（以牛肉 100kg 计）　将适量的白胡椒、花椒、八角放入 20kg 水中进行熬制，待全部溶解后，冷却至 30℃左右，加入食盐 2kg、品质改良剂 2kg，搅拌使其溶化，过滤后备用。

（3）注射　用盐水注射机将配制好的腌制液均匀注入肉块中。

（4）滚揉　将注射后的牛肉块放入滚揉机中，以 8～10r/min 的转速滚揉。滚揉时的温度应控制在 10℃以下，滚揉时间为 4～5h。

(5) 煮制　将滚揉后的牛肉块放入87℃水中焖煮2.5～3h出锅，即为成品。

二、酱猪肉

(一) 六味斋酱猪肉

六味斋酱肉是太原市传统名食，始创于20世纪30年代，当时的店号为“福纪六味斋酱肘鸡鸭店”，坐落于太原市繁华的柳巷与桥头街交叉路口。六味斋酱肉因选料严格，加工精细，颇有独到之处，产品以肥而不腻、瘦而不柴、酥烂鲜香、味美可口而著称。过去六味斋从早到晚顾客络绎不绝，人们都以能尝到六味斋酱肉为快，民间有“不吃六味斋，不算到太原”之说。

1. 工艺流程

原料选择与整理→煮制→出锅→成品

2. 配方 (以100kg嫩猪肉计，单位：kg)

食盐	3.00	生姜	0.50
桂皮	0.26	糖色	0.40
花椒	0.12	八角	0.15
绍酒	0.20		

3. 加工工艺

(1) 原料选择与整理　选用肉细皮薄、不肥不瘦的嫩猪肉为原料，将整片白肉，斩下肘子，剔去骨头，切成长25cm、宽16～18cm的肉块，修净残毛、血污，放入冷水内浸泡8～9h后，以去掉淤血，捞出沥水后，置于沸水锅内，加入辅料（酒和糖色除外），随时捞出汤面浮油杂质，1～1.5h左右捞出，用冷水将肉洗净，撇净汤表面的油沫，过滤后待用。

(2) 煮制　将锅底先垫上竹篾或骨头，以免肉块粘锅底。按肉块硬软程度（硬的放在中间），逐块摆在锅中，松紧适度，在锅中间留一个直径25cm的汤眼，将原汤倒入锅中，汤与肉相平，盖好锅盖。用旺火煮沸20min，接着用小火再煮1h；冬季用旺火煮沸2h，小火适当增加时间。

（3）出锅　出锅前 15min，加入酒和糖色，并用勺子将汤浇在肉上，再焖 0.5h 出锅，即为成品。出锅时用铲刀和勺子将肉块顺序取出放入盘内，再将锅内汤汁分 2 次涂于肉上。

附：糖色的加工过程

用一口小铁锅，置火上加热。放少许油，使其在铁锅内分布均匀。再加入白砂糖，用铁勺不断推炒，将糖炒化，炒至泛大泡后又渐渐变为小泡。此时，糖和油逐渐分离，糖汁开始变色，由白变黄，由黄变褐，待糖色变成浅褐色的时候，马上倒入适量的热水熬制一下，即为“糖色”。糖色的口感应是苦中带甜，不可甜中带苦。

（二）苏州酱肉

苏州酱肉又名五香酱肉，历史悠久，在北宋时期就已生产，为苏州著名传统产品。由于苏州地区猪种优良，加工技术精细，驰名江南。

1. 工艺流程

原料选择与整理 → 腌制 → 酱制 → 成品

2. 配方（以 100kg 新鲜猪肉计，单位：kg）

酱油	3.00	葱	2.00
八角	0.20	白糖	1.00
食盐	6.00～7.00	生姜	0.20
橘皮	0.10	桂皮	0.14
绍酒	3.00	硝酸盐	0.05

3. 加工工艺

（1）原料选择与整理　选用皮薄、肉质鲜嫩，背膘不超过 2cm 的健康带皮猪肋条肉为原料。刮净毛，清除血污，然后切成长 16cm、宽 10cm 的长方肉块，每块重约 0.8kg，并在每块肉的肋骨间用刀戳上 8～12 个刀眼，以便吸收盐分和调料。

（2）腌制　将食盐和硝酸盐的水溶液洒在原料肉上，并在坯料的肥膘和表皮上用手擦盐，随即放入木桶中腌制 5～6h。然后，再转入盐卤缸中腌制，时间因气温而定。若室温在 20℃左右，需腌制12h；室温在30℃以上，只需腌制数小时；室温10℃左右时，需要腌制1～2d。

（3）酱制　捞出腌好的肉块，沥去盐卤。锅内先放入老汤，旺火烧开，放入各种香料、辅料，然后将原料肉投入锅内，用旺火烧开，并加入绍酒和酱油，改用小火焖煮2h，待皮色转变为麦秸黄色时，即可出锅。如锅内肉量较多，须在烧煮1h后进行翻锅，促使成熟均匀。加糖时间应在出锅前0.5h左右。出锅时将肉上的浮沫撇尽，皮朝上逐块排列在清洁的食品盘内，并趁热将肋骨拆掉，保持外形美观，冷却后即为成品。

（三）上海五香酱肉

上海五香酱肉香气扑鼻，咸中带甜，具有苏锡式菜肴风味。

1. 工艺流程

原料选择与整理→腌制→配汤→酱制→成品

2. 配方（以100kg新鲜猪肉计，单位：kg）

酱油	5.00	白糖	1.50
葱	0.50	桂皮	0.15
小茴香	0.15	硝酸钠	0.025
食盐	2.50～3.00	生姜	0.20
干橘皮	0.05～0.10	八角	0.25
绍酒	2.00～2.50		

3. 加工工艺

（1）原料选择与整理　选用苏州、湖州地区的卫检合格的健康猪，肉质新鲜，皮细有弹性。原料肉须是割去奶脯后的方肉。修净皮上余毛和拔去毛根，洗净沥干，再切割成长约15cm、宽约11cm的块形。并用刀根或铁杆在肋骨两侧戳出距离大致相等的一排小洞（切勿穿皮）。

（2）腌制　将食盐2.5～3kg和硝酸钠0.025kg用50kg开水搅拌溶解成腌制溶液。冷却后，把酱肉坯摊放在缸或桶内，将腌制液洒在肉料上，冬天还要擦盐腌制，然后将其放入容器中腌制。腌制时间春秋季为2～3d，冬季为4～5d，夏季不能过夜，否则会变质。

（3）配汤（俗称酱鸭汤） 取100kg水，放入酱油5kg，使之呈不透明的深酱色，再把全部辅料放入料袋（小茴香放在布袋内）后投入汤料中，旺火煮沸后取出香辛料（其中桂皮、小茴香可再利用一次）备用。用量视汤汁浓度而定，用前须煮沸并撇净浮油。

（4）酱制 将腌好的肉料排放锅内，加酱鸭汤浸没肉料，加盖，并放上重物压好，旺火煮沸，打开锅盖，加绍酒2～2.5kg，加盖用旺火煮沸，改用微火焖45min，加冰糖屑或白糖1.5kg，再用小火焖2h，至皮烂肉酥时出锅。出锅时，左手持一特制的有漏眼的短柄阔铲刀，右手用尖筷将肉捞到铲刀上，皮朝下放在盘中，随即剔除肋骨和脆骨即为成品，趁热上市。

（四）浦五房酱肉

浦五房是从上海迁京的南味肉食老店，开店于清朝咸丰年间。浦五房始创于中国名城苏州，以其熟肉制品的清香腴美、酥烂可口、甜咸适中、色泽红润而享誉苏州城。1861年，由苏州迁到上海，1956年迁到北京。浦五房因选料严格，加工精细，又有传统秘制诀窍，创制出以甜、香、鲜、烂为特点的多种美食名肴，其酱、腊、卤制品名声大振，享誉京、沪等地。浦五房的酱汁也很有特色。虽名为酱汁，却不加酱油，而是用煮肉的老汤加猪肉皮、绵白糖、花椒、八角、肉桂、丁香、豆蔻、葱、姜、料酒和用红高粱制作的红曲等旺火烧开，再用文火收汁制得。凡肉、鸭鸡、野禽、野味都要在老汤中煮沸入味。取出后，再刷以酱汁，使之表皮红润透亮，诱人食欲。

1. 工艺流程

原料选择→腌制→煮制→出锅→成品

2. 加工工艺

（1）原料选择 选用体重50kg左右，皮薄、肉嫩的生猪，取其前后腿作为原料。辅料为桂皮、花椒、八角、葱、姜、食盐、红曲、白糖、黄酒、味精等。

（2）腌制 将带皮猪肉去毛刮净，切成0.75～1kg的方块，在冷库中用食盐腌制一夜，然后下锅。

(3) 煮制　先在白水中煮1h左右，取出后，用清水冲洗干净，原汤加盐，撇去血沫，清汤后再将肉放置锅中，同时加桂皮、花椒、八角、葱、姜和食盐，用旺火烧开。开锅后加黄酒和红曲，煮1.5h后加糖，并把火力调小。

(4) 出锅　烧至肉烂汤黏即可出锅，出锅时添加味精，并在肉的表面涂上一层酱汁，即为成品。

成品贮存在通风阴凉处，存放时间不要超过24h。夏天现吃现买，冰箱中可存放3d。

(五) 北京清酱肉

北京清酱肉是选用猪后臀部位的肉加工而成，首创于天盛号(1906年创办)，是北京著名特产，与金华火腿、广东腊肉并称为中国三大名肉，驰名国内外。

1. 工艺流程

原料选择与整理→腌制→压制→晾晒→泡制→复晒→成品

2. 配方（以100kg新鲜猪肉计，单位：kg）

酱油	30	花椒面	0.10
盐粒	3.50		

3. 加工工艺

北京清酱肉在制作时，先将猪后臀修整切平，撒上五香粉腌制1d。腌制结束后，将肉放在上木案上，压制4～5d，使肉压实。当肉压实后，串上绳子，进行晾晒1d左右。然后，将晾晒好的肉放入缸中，用酱油泡制7d左右。泡制结束后，再进行1个月左右的晾晒，直到干透为止。北京清酱肉经过1个夏天后，由红色变为紫红色。

食用时，需要剥去一层火油边，以免影响味道，用清水煮约2h，即可。

三、苏州酱汁肉

苏州酱汁肉是江苏省苏州市著名肉食品，历史悠久，享有盛名，据传为苏州陆稿荐熟肉店所创，已有上百年的历史。酱汁肉的产销季节性很强，通常是在每年的清明节前几天开始供应，到夏至结束。根据苏州的地方风俗，清明时节家家户户都有吃酱汁肉和青团子的习惯，由于肉呈红色，团子呈青绿色，两种食品一红一绿，色泽艳丽美观，味道鲜美适口，颇为消费者欢迎，因此苏州酱汁肉流传很广，为江南的特产食品。

1. 工艺流程

原料选择与整理→红曲米水的制备→煮制→酱制→酱汁的调制→成品

2. 配方（以 100kg 猪肉计，单位：kg）

绍酒	4.00～5.00	食盐	3.00～3.50
桂皮	0.20	葱	2.00
白糖	5.00	红曲米	1.20
八角	0.20	生姜	0.20

3. 加工工艺

（1）原料选择与整理　选用江南太湖流域地区产的太湖猪为原料，这种猪毛稀、皮薄、头小脚细、肉质鲜嫩，每只猪的质量以出净肉 35～40kg 为宜，去前腿和后腿，取整块肋条肉（中段）为酱汁肉的原料。带皮猪肋条肉选好后，用刮刀将毛、污垢刮除干净，切下奶脯，斩下大排骨的脊椎骨，斩时刀不要直接斩到肥膘上，斩至留有瘦肉的 3cm 左右时，易剔除脊椎骨，使肉块形成带有大排骨肉的整片方肋条肉，然后开条（俗称抽条子），肉条宽 4cm，长度不限。肉条切好后再切成 4cm 方形小块，尽量做到每千克肉约 18～22 块，排骨部分每千克 14 块左右，肥瘦分开放。肉块切好后，把五花肉、排骨肉分开，装入竹筐中。皮厚膘薄或膘过厚的肉都不适用，肥膘在 2cm 左右，每块方肉以 3.5～5kg 最为适宜。

（2）红曲米水的制备　红曲米磨成粉，盛入纱布袋内，放入钵内，倒入沸水，加盖，待沸水冷却不烫手时，用手轻搓轻捏，使色素加速溶解，直至袋内红曲米粉成渣，水发稠为止，即成红曲米水待用。

(3) 煮制　先将清水旺火烧沸，根据原料规格，分批下锅，进行白煮，五花肉煮10min，硬膘煮15min，捞起后在清水中冲去污沫，将锅内汤撇去浮油后并全部舀出。先将肥肉的一小半倒入沸水内氽1h左右，约六七成熟时捞出；另外一大半倒入锅中氽0.5h左右捞出。将五花肉一半倒入沸水内氽20min左右捞出；另外一半氽10min左右捞出。把氽原料的白汤加食盐3kg（略有咸味即可），待汤快烧沸时，撇去浮沫，转入其他容器，留下10kg左右在原锅内。

(4) 酱制　在锅底放上拆好骨头的猪头10只，将香辛料装在布袋内，与葱、姜一同放于纱布袋内入锅，在猪头上面先放上五花肉，后放上排骨肉，如有排骨、碎肉，可装在小竹篮中（其目的是以网蓝为垫底，防止成品粘贴锅底），放在锅的中间，加入适量的肉汤，将氽10min左右的五花肉均匀地倒入锅内，然后倒入氽20min左右的五花肉，再倒入氽0.5h左右的肥肉，最后倒入氽1h左右的肥肉，不必摊平，自成为宝塔形。下料时因为旺火在烧，汤易发干，故可边下料，边烧汤，以不烧干为原则，待原料全部倒入后，舀入白汤，汤须一直放到宝塔形坡底与锅边接触处能看到为止。加盖用旺火烧开后，加酒4～5kg，加盖再烧开后，将红曲米汁均匀地浇在原料上面，务使所有原料都浇上红曲米汁，加入总量4/5的白糖，再加盖中火焖煮40min，直至肉色呈深樱桃红色。加盖烧0.5h左右以后就须注意掌握火候，如火过旺，则汤烧干而肉未烂，如火过小，则汤不干，肉泡在汤内，时间一长，就会使肉泡糊变碎。烧到汤已收干发稠，当肉呈深樱桃红色，肉已开始酥烂时可准备出锅。出锅前将白糖（糖量的1/5）均匀地撒在肉上，再加盖待糖溶化后，就出锅为成品。出锅时用尖筷夹起来，逐块平摊在盘上晾冷，不能堆叠。

锅中剩下的香辛料可重复使用，桂皮用到折断后横断面发黑，八角掉角为止。

(5) 酱汁的调制　酱汁肉生产的质量关键在于制酱汁，食用时还要在肉上泼酱汁。上等酱汁色泽鲜艳，口味甜中带咸，以甜为主，具有黏稠、细腻、无颗粒等特点。酱汁的制作方法是取肉出锅后的剩余汤汁，加入1/5的白糖后，用小火煎熬，并用铲刀不断搅拌，以防止发焦，使酱汁成稀浆糊状，酱汁黏稠、细腻。制好的酱汁应放在带盖的容器中，防止昆虫及污物落入，出售时应在肉上浇上汁，如果天气凉，酱汁冻结时，须加热熔化后再用。

食用时将酱汁浇在肉块上，口味是甜中带咸，甜味为主。除肋条肉做成酱汁肉外，猪的其他部位如排骨、猪头肉、猪舌、猪爪等可按酱汁肉方法制作同类产品，实际制作中往往是将其混合制作。

四、酱羊肉

（一）北京五香酱羊肉

酱羊肉以北京的五香酱羊肉最为著名。

1. 工艺流程

原料选择与整理→酱制→出锅→成品

2. 配方（以100kg羊肉计，单位：kg）

配方一：

干黄酱	10.00	丁香	0.20
桂皮	0.20	八角	0.80
食盐	3.00	砂仁	0.20

配方二：

花椒	0.20	桂皮	0.30
丁香	0.10	砂仁	0.07
豆蔻	0.04	白糖	0.20
八角	0.20	小茴香	0.10
草果	0.10	葱	1.00
鲜姜	0.50	盐粒	5.00～6.00

注：盐粒的量为第一次加盐量，以后根据情况适当增补；将各种香辛调味料放入宽松的纱布袋内，扎紧袋口，不宜装得太满，以免香料遇水胀破纱袋，影响酱汁质量；葱和鲜姜另装一个料袋，因这种料一般只一次性使用。

3. 加工工艺

（1）原料选择与整理　选用卫生检验合格、肥度适中的羊肉，以蒙古绵羊肉较好，首先去掉羊杂骨、碎骨、软骨、淋巴、淤血、杂污及板油等，以肘子、五花等部位为佳，按部位切成0.5～1kg的肉块，靠近后腿关节部位的含筋腱较多的部位，切块宜小；而肉质较嫩部位切块可稍大些，便于煮制均匀。把切好的肉块放入有流动自来水的容器内，浸泡4h左右，以除去血腥味。捞出控净水分，分别存放，以备入锅酱制。

（2）酱制　酱肉制作的关键在于能否熟练地掌握好酱制过程的各个环节及其操作方法。主要掌握好酱前预制、酱中煮制、酱后出锅这三个环节。

① 焯水　焯水是酱前预制的常用方法。目的是排除血污和腥、膻、臊等异味。所谓焯水就是将准备好的原料肉投入沸水锅内加热，煮至半熟或刚熟的操作。按配方先用一定数量的水和干黄酱拌匀，然后过滤入锅，煮沸1h，把浮在汤面上的酱沫撇净，以除去膻味和腥气，然后盛入容器内备用。原料肉经过此处理后，再入酱锅酱制。其成品表面光洁，味道醇香，质量好，易保存。

操作时，把准备好的料袋、盐和水同时放入铁锅内，烧开、熬煮。水量要一次掺足，不要中途加生水，以免使原料因受热不均匀而影响产品质量。一般控制在刚好淹没原料肉为好，控制好火力大小，以保持液面微沸和原料肉的鲜香及滋润度。根据需要，视原料肉老嫩，适时、有区别地从汤面沸腾处捞出原料肉（要一次性地把原料肉同时放入锅内，不要边煮边捞又边下料，影响原料肉的鲜香味和色泽）。再把原料肉放入开水锅内煮40min左右，不盖锅盖，随时撇出油和浮沫。然后捞出放入容器内，用凉水洗净原料肉上的血沫和油脂。同时把原料肉分成肥瘦、软硬两种，以待码锅。

② 清汤　待原料肉捞出后，再把锅内的汤过一次箩，去尽锅底和汤中的肉渣，并把汤面浮油撇净。如果发现汤要沸腾，适当加入一些凉水，不使其沸腾，直到把杂质、浮沫撇净，汤呈微青的透明状即可。

③ 码锅　锅内不得有杂质、油污，并放入 1.5～2.0kg 左右的净水，以防干锅。锅底垫上圆铁箅，再用 20cm×6cm 的竹板（羊下巴骨、扇骨也可以）整齐地垫在铁箅上，然后将筋腱较多的肉块码放在底层，肉质较嫩的肉块码放在上层。注意一定要码紧、码实，防止开锅时沸腾的汤把原料肉冲散，并把经热水冲洗干净的料袋放在锅中心附近，注意码锅时不要使肉渣掉入锅底。把清好的汤放入码好原料肉的锅内，并漫过肉面。不要中途加凉水，以免使原料肉受热不均匀。

装锅：锅内先用羊骨头垫底，加入调好的酱汁和食盐。

④ 酱制　码锅后，盖上锅盖，用旺火煮制 2～3h 左右。然后打开锅盖，适量放糖色（糖色制作参见六味斋酱猪肉），达到枣红色，以弥补煮制中的不足。等到汤逐渐变浓时，改用中火焖煮 1h，检查肉块是否熟软，尤其是腱膜。从锅内捞出的肉汤，是否黏稠，汤面是否保留在原料肉的三分之一，达到以上标准，即为半成品。

（3）出锅　达到半成品时应及时把中火改为小火，小火不能停，汤汁要起小泡，否则酱汁出油。酱制好的羊肉出锅时，要注意手法，做到轻钩轻托，保持肉块完整，将酱肉块整齐地码放在盘内，然后把锅内的竹板、铁箅、铁筒取出，使用微火，不停地搅拌汤汁，始终要保持汤汁有小泡沫，直到黏稠状。如果颜色浅，在搅拌当中可继续放一些糖色。成品达到栗色时，赶快把酱汁从铁锅中倒出，放入洁净的容器中。继续用铁勺搅拌，使酱汁的温度降到 50～60℃，点刷在酱肉上。不要抹，要点刷酱制，晾凉即为酱肉成品。

如果熬酱汁把握不大，又没老汤，可用羊骨和酱肉同时酱制，并码放在原料肉的最下层，可解决酱汁质量或酱汁不足的缺陷。

（二）北京酱羊肉

1. 工艺流程

原料选择与整理→煮制→焖煮→出锅→成品

2. 配方（以 100kg 瘦羊肉计，单位：kg）

配方一：

酱油	12.00	料酒	2.00
猪肉皮	15.00	味精	0.50
胡萝卜	15.00	食盐	3.00
白糖	8.00	桂皮	1.00
大蒜	2.00	鲜姜	2.00
花椒	0.50	八角	1.00
葱	4.00		

配方二：

白萝卜块	20.00	砂仁	0.20
干黄酱	10.00	食盐	3.00
小红枣	1.00	料酒	2.00
丁香	0.20	八角粉	1.00
桂皮	0.20		

配方三：

干黄酱	10.00	食盐	3.50
八角	0.40	白芷	0.05
甘草	0.05	山柰	0.05
小茴香	0.05	丁香	0.10
肉桂	0.20	陈皮	0.10
花椒	0.10		

3. 加工工艺

（1）原料选择与整理　选用经兽医卫生检验合格的新鲜羊肉作为原料，以羊肋肉为好，去掉羊肉上的脏污、杂质和忌食部分，用水冲洗干净，放入冷水中浸约4h，取出控水，切成750g左右的方肉块，控净血水，放入锅内，加水淹没羊肉，再加入萝卜（或猪肉皮），旺火烧开，断血即可捞出，洗净血污。这样做，羊肉腥膻味都进入白萝卜和水中。

（2）煮制　将黄酱在锅内化开调匀，开锅后打酱，放好垫锅箅子，把焯过水的羊肉按老嫩，先放吃火大的，后放吃火小的顺序放到有辅料的锅里，锅中放水没过羊肉，用旺火烧开，撇净浮沫，煮

1～2h。然后继续焖煮，在汤刚烧开时，投入八角粉、桂皮、丁香、砂仁、料酒、小红枣（起助烂作用）等辅料，加入老汤，将羊肉放入煮锅内，然后放上箅子压锅，待汤沸腾后，改用文火焖煮。羊肉在焖煮过程中每隔60min翻一次锅，羊肉翻锅1～2次，翻锅后仍将锅盖好。在煮制过程中，汤面始终保持微沸，即水温在90～95℃之间，注意翻锅，防止糊底。

（4）出锅　羊肉煮3～4h，至羊肉酥烂，即可出锅。出锅时要用筷子试探酱肉的熟制程度，不熟的要回锅继续煮。捞出熟透的酱羊肉，及时送到晾肉间，晾凉，切块切片，即为成品。

（三）月盛斋酱羊肉

月盛斋的介绍参见本节月盛斋酱牛肉部分。酱羊肉是月盛斋有代表性的“两烧、两酱”中的一酱。清朝监察御史朱一新在《京城坊巷志稿》对月盛斋曾有此记述：“户部门口羊肉肆，五香酱羊肉名天下”。月盛斋的肉食品有一套严格的生产工艺和技术规程，具有特殊风味。

1. 工艺流程

选料→调料→煮制→成品

2. 加工工艺

（1）选料　月盛斋的羊肉要选用“西口大白羊”。这种羊产于我国内蒙古锡林郭勒盟的东乌旗和西乌旗。羊去骨以后，按照部位精工细切，选位准确、看肉下刀。块大肉厚的后腿，用做酱羊肉，块小肉薄的前腿腰窝，用做烧羊肉。切块时，掌握分寸，按不同品种的要求下料。

（2）调料　有不宣之秘。使用的辅料由几味中药和调味品配制，每次使用之前都精选去渣，以保证原辅料的效用和产品的风味特点。

（3）煮制　把选择好的肉按部位及老、嫩程度按顺序码入锅内，用黄酱水煮沸，然后投放辅料，大开之后过一段时间再翻锅，兑入“百年老汤”（所谓百年老汤，是每次煮肉后都留下一部分肉汤，兑入次日的肉锅内，日复一日，年复一年，人称这种锅锅相兑的肉汤为“百年老汤”，或叫“陈年老汤”。月盛斋现在的老汤实为1900年以后延续下来的）。然后，再焖锅6～7h。煮肉时，欠火肉不入味；火大容易外熟里生。必须做到旺火煮、文火煨。旺火煮是为了除膻去腥，文火煨可使味入肉中。煮好后分层逐块捞出，用锅中原汤冲去肉上的辅料，即为酱羊肉。

五、酱肋肉

（一）酱肋肉

1. 工艺流程

原料选择与整理→腌制→煮制→成品

2. 配方（以100kg肋条肉计，单位：kg）

酱油	1.50	白糖	0.50
八角	0.10	绍酒	1.50
硝酸钠	0.025	葱	1.00
食盐	3.00～3.50	桂皮	0.075
新鲜柑皮	0.05	生姜	0.10

3. 加工工艺

（1）原料选择与整理　选用毛稀、皮薄、细脚、肉质鲜嫩的猪肋条为原料，每块以在30～35kg为宜，肥膘不超过2cm。整方肋条肉刮净毛、清除血污等杂物后，切成10cm×15cm约0.8kg左右的长方块。在每块肉上用刀戳8～10个刀眼（肋骨间），大排骨带肥膘的条肉，要在背脊骨关节处斩开，以便于吸收盐分。

（2）腌制　将食盐和硝水（将0.025kg硝酸钠溶化制卤水1kg）洒在肉块上，并在每块肉的四周用手擦盐，再将肉置于桶中，约5～6h后转入盐卤缸中腌制，腌制时间视气候而定，如气温（室内温度）在20℃左右，腌制12h，夏季室温在30℃以上时，只需腌制数小时，冬季则需腌1～2d。

（3）煮制　将肉块自缸中捞出，沥干卤汁，锅内先放入老汤用旺火烧开，放入香辛料，将肉块倒入锅内，用旺火烧开，加入绍酒、酱油等辅料后，改用小火，焖煮约2h，待皮色转为金黄色时即可。白糖需掌握在起锅前0.5h加入。如锅内酱肉数量多，必须在烧煮约1h后进行翻锅，以防止上硬下烂。出锅时把酱肉上血沫去净，皮朝下逐块排列在盘内，并趁热将肉上的肋骨拔出，待其冷却，即为成品。

（二）家制酱方肉

1. 工艺流程

原料选择与整理→腌制→预煮→复煮→成品

2. 配方（以100kg方肋肉计，单位：kg）

食盐	5.00	黄酒	2.50
白糖	7.50	酱油	2.50
红曲米	1.50		

注：葱、姜少许，花椒、八角、桂皮适量。

3. 加工工艺

酱方肉制作时，是取肋条方肉一块，刮尽毛污，洗后沥干，用刀尖等距离戳成排洞。将食盐与八角按100∶6的比例在锅中炒制，炒干并出现八角香味时即成炒盐。炒盐要保存好，防止回潮。将炒好的盐均匀地撒在处理好的肉面上，用手揉擦至盐粒溶化后，再擦皮面。擦盐结束后，将肉在低温下进行腌制4～5d后，取出漂洗干净，在水中浸泡1d左右，以除去过多的咸味。然后将肉块置于砂锅中进行预煮，加水量要超过肉面，加入部分葱、姜，烧煮将沸时，撇去浮沫，至汤沸后，再用小火焖至七成熟时捞出，趁热抽去肋骨后，入锅加汤，然后将香辛料包、葱、姜、红曲米等放入锅内，加白糖、红酱油和黄酒，调味后煮沸，改用小火焖酥捞出。原汁熬浓后浇在切成小块的肉面上便可食用。

六、酱兔肉

（一）酱香兔

酱香兔由南京农业大学陈伯祥教授研制开发，调卤煮制工艺较复杂，比较难掌握，需专业人员指导。

1. 工艺流程

原料选择与整理 → 腌制 → 煮制 → 冷却包袋 → 杀菌 → 急冷 → 入库 → 成品

2. 配方

(1) 腌制液配方（单位：kg）

水	100.00	八角	1.00
生姜	2.00	食盐	17.00
葱	1.00		

配制方法：先将葱、姜洗净，姜切片和葱、八角一起装入料包入锅放水煮至沸，然后倒入腌制缸或桶中，按配方规定量加盐，搅溶冷却至常温，待用。

(2) 香料水配方（单位：kg）

水	100.00	八角	3.00
生姜	5.00	桂皮	3.50
葱	4.00		

配制方法：将以上配料入锅熬煮，待水煮沸后焖煮1～2h，然后用双层纱布过滤，待用。

(3) 煮液一般配方（以100kg兔肉计，单位：kg）

水	100.00	味精	0.40
白糖	2.50	调味粉	0.15
酱油	1.50	香料水	3.00
料酒	1.00		

(4) 初配新卤配方（单位：kg）

水	80.00	白糖	20.00
香料水	20.00	调味粉	2.00
蚝油	8.00	料酒	4.00
酱油	8.00	味精	2.00

(5) 第二次调卤配方（加入余卤液，单位：kg）

香料水	5.00	料酒	2.00
白糖	7.00	调味粉	1.50
酱油	3.00	味精	1.50
蚝油	3.00		

(6) 稠卤配方（单位：kg）

老卤	30.00	白糖	13.00
蚝油	1.50	味精	0.80
酱油	3.00	调味粉	0.70
料酒	2.00		

3. 加工工艺

酱香兔制作时，选用新鲜或解冻后的兔后腿或精制兔肉作为原料。选择好原料后，将兔肉上的污血、残毛、残渣、油脂等修整干净，再用清水漂洗干净，沥干水备用。在沥干水的兔肉上用带针的木板（特制）均匀打孔，使料液在腌制或煮制时均匀渗透，并能缩短腌制时间。处理好的兔肉入缸进行浸渍腌制，上面加盖，让兔肉全部浸没在液面以下。常温（20℃左右）条件下腌制 4h，0～4℃条件下腌制 5h。腌制液的使用和注意事项：新配的腌制液当天可持续使用 2～3 次，每次使用前需调整腌制液的浓度，若过低，需加盐调整。正常情况下使用过的腌制液当天废弃，不再使用。按配方准确称取各种配料入锅搅溶煮沸，再将腌制好的兔肉下锅并提升两次，继续升温加热至小沸，而后转小火焖煮，焖煮温度及时间分别为 95℃、50min。在加热过程中，要将肉料上下提升两次。第一次投料煮制时使用配方中“初配新卤配方”，第二次煮制时使用“第二次调卤配方”进行煮制。以后煮制时转入正常配方，即“煮液一般配方”。先将稠卤按配方称量煮沸调好，再将已煮好的兔肉分批定量入稠卤锅浸煮 3min 左右，出锅放入清洁不锈钢盘送冷却间冷却 10～15min 左右即可包装，按规定的包装要求进行称量。包装时要剔除尖骨，以防戳穿包装袋。包装好的产品在 85℃条件下，杀菌 15min。杀菌后，立即用流动的自来水或冰水冷却至常温，最后装箱入库。

（二）酱麻辣兔

酱麻辣兔是陈伯祥教授开发的特色系列兔肉制品之一，产品深受东北、华北及华中地区消费者青睐，工艺与酱香兔类似。

1. 工艺流程

原料选择与整理→腌制→煮制→冷却包袋→杀菌→急冷→入库→成品

2. 配方

(1) 腌制液配方 (单位: kg)

水	100.00	八角	1.00
生姜	2.00	食盐	17.00
葱	1.00		

配制方法：先将葱、姜洗净，姜切片和葱、八角一起装入料包入锅放水煮至沸，然后倒入腌制缸或桶中，按配方规定量加盐，搅溶冷却至常温待用。

腌液的使用和注意事项：新配的腌液当天可连续使用 2～3 次，每次使用前需调整腌液的浓度，若低，加盐调整。正常情况下使用过的腌液当天废弃，不再使用。

(2) 香料水配方 (单位: kg)

水	100.00	八角	3.00
生姜	5.00	桂皮	3.50
葱	4.00		

配制方法：将以上配料入锅熬煮，水沸后焖煮 1～2h，而后用双层纱布过滤待用。

(3) 煮液配方 (以 100kg 兔肉计，单位: kg)

水	100.00	味精	0.40
白糖	2.50	调味粉	0.15
酱油	1.50	香料水	3.00
料酒	1.00		

(4) 新配初卤配方 (单位: kg)

水	80.00	白糖	20.00
香料水	20.00	调味粉	2.00
酱油	8.00	料酒	4.00
蚝油	8.00	味精	2.00

（5）稠卤配方（单位：kg）

老卤	30.00	调味粉	0.70
料酒	2.00	白糖	10.00
辣椒粉	3.00	酱油	3.00
麻油	1.50	川椒粉	0.50
味精	0.80		

3. 加工工艺

酱麻辣兔制作时，选用新鲜或解冻后的前腿或肋排骨肉为原料。将兔肉整理去污、去油脂，清水洗净，沥水。将处理好的兔肉入腌制缸浸腌，上加压盖让兔肉全部浸没液面以下。腌制时间和腌制间温度：常温（20℃左右）条件下腌制3h，0～4℃条件下腌制4h。按配方准确称取各种配料入锅搅溶煮沸，再将腌制好的兔肉下锅并提升两次。继续升温加热至小沸，而后转小火焖煮，焖煮温度及时间分别为95℃、30min。在加热过程中，要将肉料上下提升两次。先将稠卤煮沸调好，再将已煮好的兔肉分批定量入稠卤锅浸煮3min左右，出锅后送冷却间冷却10～15min左右即可包装，按规定的包装规格进行称量。包装时要剔除尖骨，以防戳穿包装袋。包装好的产品在85℃条件下，杀菌15min。杀菌后，立即用流动的自来水或冰水冷却至常温，最后装箱入库。

（三）酱焖野兔

1. 工艺流程

原料选择与整理 → 制卤汤 → 煮制 → 熏制 → 成品

2. 配方（以100kg野兔肉计，单位：kg）

白酒	1.00	酱油	5.00
桂皮	0.50	花椒	0.50
盐粒	10.00	白糖	1.00
八角	0.50	小茴香	0.40
鲜姜	1.00	甘草	0.30
辣椒面	0.50		

3. 加工工艺

酱焖野兔制作时，首先将野兔宰后剥皮开膛。剥下皮后把兔头割掉，从腹部切开，取出内脏和所有血块，用水冲洗干净。然后把开膛后的每只野兔平均分成4块，用硬板刷在流动水中刷洗干净。每块兔肉经洗刷干净后放入清水池内，用流动水浸泡1.5d，把血水全部浸泡掉，否则会有腥味。当兔肉颜色浸泡白净后捞出。接着进行卤煮，即在锅内加清水100kg，然后把花椒、八角、桂皮、小茴香、甘草、鲜姜、辣椒面等装入纱布袋内，扎紧袋口，加入其他所有调味料一起煮制1h左右。将兔肉块放入卤汤锅内，中火煮制90min，至熟烂出锅。最后进行熏制，即把煮熟的兔肉装入熏炉，点燃锯末、刨花，烟熏20min左右出炉。

（四）酱兔肉家庭制作方法

1. 工艺流程

原料预煮→煮制→上色→成品

2. 配方（以100kg兔肉计，单位：kg）

酱油	15.00	桂皮	0.15
丁香	0.15	大蒜	0.25
大葱	0.25	甘草	0.15
糖色	0.50	八角	0.15
白糖	0.50	花椒	0.15
香油	1.50	生姜	0.25
食盐	7.50		

3. 加工工艺

酱兔肉制作时，首先将兔肉原料洗净，入冷水浸泡4h，捞出，然后放入开水中煮制10min后，捞出，用清水洗净。在煮制锅内加入老汤（或清水），放入兔肉，用旺火烧开，加入食盐、酱油、白糖、肉料袋（大葱、鲜姜、大蒜、花椒、八角、桂皮、丁香、甘草），用慢火进行煨煮，煨煮3h左右后加入糖色（糖色制作参见六味斋酱猪肉），再煮片刻，即可捞出兔肉，沥净酱汤，装盘，待肉稍晾，趁热在肉面上抹上香油即为成品。

七、酱鸭

（一）安徽六安酱鸭

安徽省六安市，素有“麻鸭之乡”盛名。六安酱鸭，是传统的食品之一。

1. 工艺流程

选料→制卤→腌制→卤制→成品

2. 配方（以 100 只肥鸭计，单位：kg）

酱油	3.00	食盐	7.00
丁香	0.02	陈皮	0.10
白糖	5.00	鲜姜	0.30
桂皮	0.30	砂仁	0.02
花椒	0.10		

3. 加工工艺

（1）选料　以 1～2 年、体重 1.5～2kg 的麻鸭为原料。经宰杀洗净，除去内脏，沥干水分，即为鸭坯。

（2）制卤　用 12.5kg 的水，小火烧开，加入红曲粉 750g、白糖 7.5～10kg、绍酒 250g、鲜姜 100g，混合于锅中，熬制成卤汁备用。

（3）腌制　将鸭坯放在盐水中浸泡，片刻后取出抖去盐水，然后堆叠腌制。夏季腌制 1～2h，冬季 2～3d。

（4）卤制　煮鸭前将老汤烧开，加入配料。在每只鸭的体腔内放丁香 4～5 个，砂仁、葱头、鲜姜、绍酒少许，然后放入滚汤中。先用大火烧开，加入绍酒，再改用文火烧 40～60min 即可起锅。将鸭捞出放在容器中，晾 15～20min，把制好的卤汁浇在鸭体上。

（二）杭州酱鸭

浙江素有“鱼米之乡”之称，水网交错，河湖密布，泥螺、鱼、虾等资源丰富，有着饲养鸭群的优越自然条件。具有 500 多年历史的绍兴麻鸭和体壮肥嫩的北京白鸭，遍及全省。酱鸭是家家户户制作的一道地方风味菜。杭州酱鸭是杭州的传统风味，采用民间传统的手法由厨师精心调理而成，使酱香味更醇厚。

1. 工艺流程

原料整理→腌制→酱制→熟制→成品

2. 配方（以100kg光鸭计，单位：kg）

配方一：

白糖	20.00	酱油	28.00
生姜	0.40	葱段	1.20
绍酒	4.00	桂皮	0.24

配方二：

食盐	2.00	白糖	0.40
白酱油	60.0	葱段	0.20
白酒	0.60	姜块	0.20
硝酸钾	0.01		

3. 加工工艺

（1）原料整理　鸭空腹宰杀，用63～68℃的热水浸烫煺毛，去除内脏、气管、食管，洗净后斩去鸭掌，挂在通风处晾干。

（2）腌制　将食盐和硝酸钾拌匀，在鸭身外均匀地擦一遍，再在鸭嘴、宰杀开口处各塞入调料，将鸭头扭向胸前夹入右翅下，平整地放入缸内，上面用竹架架住，大石块压实，0℃腌渍36h后，翻动鸭身，再腌36h即可出缸，倒尽体腔内的卤水。

（3）酱制　将鸭放入缸内，加入酱油以浸入为度，再放上竹架，用大石块压实，0℃左右浸48h，翻动鸭身，再过48h出缸。然后在鸭鼻孔内穿细麻绳一根，两头打结，再用50cm长的竹子一根，弯成弧形，从腹部刀口处放入体腔内，使鸭腔向两侧撑开。然后将腌过鸭的酱油加50%的水放入锅中煮沸，去掉浮沫，放入整理好的鸭，将卤水不断浇淋鸭身，至鸭成酱红色时捞出沥干，日晒2～3d即成。

（4）熟制　食用前先将鸭身放入大盘内（不要加水），淋上绍酒，撒上白糖、葱、姜，上笼用旺火蒸至鸭翅上有细裂缝时即成，倒出腹内的卤水，冷却后切块装盘。

（三）南京酱鸭

南京酱鸭据传已有200多年历史，属金陵酱卤制品中一支奇葩。它以糖色为基色，辅助适量酱油使之着色均匀，制作时酱卤兼用，方法独特。

1. 工艺流程

原料选择与整理→腌制→烧煮→成品

2. 配方（以100kg鸭计，单位：kg）

酱油	5.00	砂仁	0.020
食盐	7.50	红曲米	0.75
白糖	5.00	葱	3.00
桂皮	0.30	生姜	0.30
八角	0.30	绍酒	5.00
丁香	0.03	硝酸钠	0.06

注：将0.06kg硝酸钠溶化制卤水2kg。

3. 加工工艺

（1）原料选择与整理　采用娄门大鸭或太湖鸭，体重1.5kg以上的一级品为宜。将活鸭宰杀，放血、去毛务净（不留小毛），然后洗净，在清水中浸泡0.5h，切除鸭翅、鸭掌和鸭舌，在右翅下开一小口，开口长度最多不超过4cm，取出内脏，揩净内腔血迹（注：鸭肺必须拿净），疏通、洗净，清水浸泡后，沥干血水。

（2）腌制　将光鸭放入圆桶中，洒些盐水或盐硝水（用硝按国家标准），鸭体擦上少许盐，体腔内撒少许盐，随后即抖出。根据不同季节掌握腌制时间，夏季1～2h，冬季2～3d左右。

（3）烧煮　在烧煮前，先将老汤烧开，同时将上述香料加入锅内，每只鸭体腔内放4～5只丁香，少许砂仁，再放入20g重一个葱结、生姜2片、1～2汤勺绍酒，随即将全部鸭放入滚汤中先用大火烧开，加绍酒3.5kg，然后用小火烧40～60min，见鸭两翅开小花，即行起锅，将鸭冷却20min后，淋上特制的卤汁，即为成品。或者用50kg老汁（卤），先以小火开，然后改用中火，加入红曲米 3kg（红曲要磨细成粉末越细越好）、白糖 40kg、绍酒 1.5kg、生姜 0.4kg，经常用铁铲在锅内不断翻动，防止起锅巴。煎熬时间随老汁汤浓淡而异，待汁熬至发稠时即成，卤的质量以涂满鸭身，挂起时不滴为佳。

（四）南京酱鸭家庭制作方法

1. 工艺流程

原料选择与整理 → 浇糖色 → 酱制 → 成品

2. 配方（以 1.5kg 的新鲜肥仔鸭计，单位：g）

酱油	250.0	桂皮	12.5
白糖	300.0	丁香	12.5
生姜	50.0	甘草	12.5
葱	100.0	八角	12.5
麻油	125.0		

3. 加工工艺

（1）原料选择与整理　选择无公害污染的新鲜肥仔鸭作为原料，先将生姜去皮洗净，葱摘去根须和黄叶洗净。切除鸭翅、鸭掌和鸭舌，在右翅下开一小口，取出内脏，洗净，并用清水浸泡后，沥干血水，放入盐水卤中浸泡约 1h，取出挂起沥干卤汁。汤锅点火加热，放入清水 2kg 烧沸后，左手提着挂鸭的铁钩，右手握勺用开水浇在鸭身上，使鸭皮收紧，挂起沥干。

（2）浇糖色　炒锅点火，放入麻油 100g，白糖 200g，用勺不停搅动，待锅中起青烟时，倒入热水一碗拌匀。再用左手提着挂鸭的铁钩，右手握勺舀锅中的糖色，均匀浇在鸭身上，待吹干后再浇一次，挂起吹干。

（3）酱制　在汤锅中放入清水 5kg、酱油 250g、白糖 100g，并将生姜、香葱、丁香、桂皮、甘草用布袋装好，放入汤锅中，加热至沸，撇去浮沫，转用文火，将鸭放入锅中，用盖盘将鸭身揿入卤中，使鸭体腔内进入热卤，加盖盖严，再烧约 20min。改用旺火烧至锅边起小泡（不可烧沸），揭去盖盘，取出酱鸭，沥干卤汁，放入盘中，待冷却后抹上麻油即成。

（五）酱野鸭的制作

酱野鸭产品是在南京酱鸭基础上发展起来的，产品质量较好。它以糖色为基色，辅助酱油适量使之着色均匀，制作方法是卤、酱兼用，是一种独特烹调方法。

1. 工艺流程

原料整理→浇糖色→酱制→成品

2. 配方（以 1.5kg 新鲜肥仔鸭计，单位：kg）

酱油	0.25	麻油	0.125
白糖	0.30	八角、桂皮、丁香、甘草共	
生姜	0.05		0.05kg
葱	0.1		

3. 加工工艺

（1）原料整理　把活鸭宰杀放血后，放进 64℃左右的热水里均匀烫毛，浸烫 0.5min 左右，至能轻轻拔下毛来，随即捞出，投入凉水里趁温迅速拔毛，去毛务净（不留小毛），然后洗净，在清水中浸泡 0.5h。将光仔野鸭切除翅、爪和舌，在右翅下开一小口，取出内脏，洗净，并用清水浸泡后，沥干血水，放入盐水卤中浸泡约 1h，取出挂起沥干卤汁。汤锅放入清水烧沸后，左手提着挂鸭的铁钩，右手握勺用开水流在鸭身上，使鸭皮收紧，挂起沥干。

将生姜去皮洗净，葱摘去根须和黄叶洗净。

（2）浇糖色　炒锅点火，放入麻油 0.1kg、白糖 0.2kg，用勺不停炒动，待锅中起青烟时，倒入热水一碗拌匀。再用左手提着挂鸭的铁钩，右手握勺舀锅中的糖色，均匀浇在鸭身上，待吹干后再浇一次，挂起吹干。

（3）酱制　在汤锅中放入清水、酱油、白糖 0.1kg，并将生姜、香葱、丁香、桂皮、甘草用布袋装好，放入汤锅中，加热至沸，撇去浮沫，转用文火，将鸭体放入锅中，用盖盘将鸭身压入卤中，使鸭肚内进入热卤，加盖盖严，再烧约 20min。改用旺火烧至锅边起小泡（不可烧至沸点），揭去盖盘，取出酱鸭，沥干卤汁。

放入盘中，待冷却后抹上麻油即可。

（六）苏州酱鸭

苏州酱鸭，又名秘制酱鸭，已有200多年历史，以陆稿荐熟肉店生产的最为著名，在沪宁线一带颇享盛名。

1. 工艺流程

原料选择→宰杀→腌制→烧煮→成品

2. 配方（以100kg鸭计，单位：kg）

酱油	5.00	砂仁	0.02
食盐	7.50	红曲米	0.75
白糖	5.00	葱	3.00
桂皮	0.30	生姜	0.30
八角	0.30	绍酒	5.00
丁香	0.03	硝酸钠	0.06

注：将0.06kg硝酸钠溶化制卤水2kg。

3. 加工工艺

（1）原料选择　采用娄门大鸭或太湖鸭，重1.5kg以上的一级品为宜。

（2）宰杀　把活鸭宰杀放血后，放进64℃左右的热水里均匀烫毛，浸烫0.5h左右，至能轻轻拔下毛来，随即捞出，投入凉水里趁温迅速拔毛，去毛务净（不留小毛），然后洗净，在清水中浸泡0.5h。将白条鸭放在案板上，切除翅、爪和舌，用刀在右翅底下剖开一小口，取出内脏和嗉囊，揩净内腔血迹（注：鸭肺必须拿净），用清水洗刷，重点洗肛门、体腔、嗉囊等处，并用清水浸泡后，沥干血水。

（3）腌制　同南京酱鸭。

（4）烧煮　同南京酱鸭。

八、酱鸡

（一）哈尔滨酱鸡

哈尔滨酱鸡产于黑龙江哈尔滨市，为当地名食品之一，首创于正阳楼肉食店，鸡体完整，不脱皮，不烂不硬，芳香可口，风味独特。

1. 工艺流程

原料选择与整理→浸泡→制汤→紧缩→煮制→成品

2. 配方（以100kg鸡肉计，单位：kg）

花椒	0.10～0.15	味精	0.05
大葱	1.00	食盐	5.00
酱油	3.00	鲜姜	0.50
八角	0.25	白糖	1.50
桂皮	0.20～0.30	大蒜	0.50

3. 加工工艺

最好选择重约1kg左右的当年小母鸡或小公鸡作为原料。屠宰方法按常规方法进行，从颈部开刀放血，放尽血，除尽毛，去除内脏，把屠宰好的鸡用清水洗净。然后把鸡放入冷水内浸泡12h左右，以去除剩余的血水。按照配料标准，把所有调味料，一并放入锅内，适当加清水煮开。将泡尽血水的白条鸡鸡爪弯曲塞进鸡腹腔内，鸡头夹在鸡翅内，然后逐只放入滚开的汤（煮鸡循环留下来的汤为老汤）内，紧缩10min左右捞出，控尽鸡体内的水分。紧缩结束后，先把老汤内浮沫等杂物捞尽，再拔尽鸡身上的细绒毛，重新放入90℃左右的老汤内进行煮制3h左右，即为成品（各种调料皆加到老汤中）。

（二）哈尔滨正阳楼酱鸡

哈尔滨正阳楼的创始人王孝庭是传统风味肉制品技师。哈尔滨正阳楼开业距今已有近100年的历史了，店名是仿北京正阳楼起的，所以匾额“正阳楼”三个大字上面，还有“京都”两个小字。哈尔滨正阳楼酱鸡色艳味浓，具有浓厚的北方特色。

1. 工艺流程

选料→宰剖→浸烫→卤煮→产品

2. 配方（以 100kg 鸡肉计，单位：kg）

食盐	5.00	桂皮	0.20
酱油	3.00	白糖	1.50
大蒜	0.50	大葱	1.00
鲜姜	0.50	花椒	0.10
八角	0.25		

注：食盐用量如采用老汤可酌减；花椒等配料的用量可根据老汤使用情况而酌减。

3. 加工工艺

选择健康的鲜活鸡，以当年鸡为佳。宰杀之前需停食，但不可断水。然后将鸡宰杀，放净血，入热水内浸烫，煺净羽毛。再从腹部开口，取出内脏，冲洗干净后入冷水内浸泡 12h 左右，以去净血污。将各种调味料放到煮鸡老汤内，烧沸后，把白条鸡放汤锅内浸烫约 10min 后捞出，再撇净汤锅内的浮沫、杂物。最后将鸡复入汤锅内，烧沸后改小火焖煮约 3h 即为成品。

附：哈尔滨酱鸭

哈尔滨酱鸭的配方、操作要点、质量标准都和酱鸡的要求相同。略有差别的是：紧缩时不用老汤，用烧开的清水煮 10min 捞出，控尽水后放入老汤里煮，由于鸭的体积大，在老汤里煮的时间要比酱鸡多 1h 左右。成品质量标准和酱鸡要求相同，但还必须无腥味。

（三）江苏常熟酱鸡

常熟酱鸡是江苏常熟地区的传统名食，已有 100 年左右的历史。它用料考究，加工精细，品质优美，是地方名产。

1. 工艺流程

原料选择与整理 → 腌制 → 卤煮 → 成品

2. 配方（以 100kg 鸡计，单位：kg）

食盐	10.00	桂皮	0.25
酱油	7.50	陈皮	0.25
绍酒	1.00～3.50	丁香	0.05
白糖	5.00	红曲米	2.00
葱	5.00	菱粉	3.00
姜	0.50	砂仁	0.025～0.03
八角	0.25		

注：红曲米和菱粉可不加。

3. 加工工艺

选择健康的鲜活肥鸡为主要原料，以当年鸡为佳。将鸡宰杀，放净血，入热水内浸烫，煺净毛，再开膛，取出内脏，用清水冲洗干净。然后取一部分食盐，涂抹洗净的鸡身，入缸腌制 12～24h（腌制时间依季节变化，冬长夏短）。腌制结束后，将腌好的鸡取出，入沸水锅内煮 5min 起锅，将香辛料装入纱袋，放入煮鸡老汤内，再继续煮鸡，先用大火烧 15min，再改文火焖约 30min 左右即可出锅。

九、酱鹅

（一）哈尔滨酱鹅

1. 工艺流程

原料选择与整理 → 制汤 → 煮制 → 成品

2. 配方（以 100kg 鹅计，单位：kg）

食盐	5.00	白糖	1.50
酱油	3.00	味精	0.05
大葱	1.00	桂皮	0.30
八角	0.25	鲜姜	0.50
花椒	0.15	大蒜	0.50

3. 加工工艺

最好选择重量 1kg 左右的鹅为原料。宰前，要停止喂食，只供饮水。屠宰方法按常规方法进行，放尽血，除尽毛，去内脏，用清水将鹅体洗净。然后把洗净的鹅，放入冷水内浸泡12h左右，以去除剩余的血污。按照配料标准，把所有调味料，一并放入锅内，适当加清水煮开。将泡尽血水的鹅，逐只放入烧开的清水中煮制，紧缩10min后捞出，控尽鹅体内的水分。先把汤内浮沫等杂物捞尽，拔尽鹅身上的细绒毛，重新放入90℃左右的汤内，煮制4h左右，即为成品。

（二）酱鹅

1. 工艺流程

原料选择与整理→腌制→煮制→卤汁制作→酱制→成品

2. 配方（以100kg鹅计，单位：kg）

酱油	2.50	陈皮	0.05
食盐	3.75	丁香	0.015
白糖	2.50	砂仁	0.01
葱	1.50	姜	0.1
黄酒	2.50	红曲米	0.37
桂皮	0.15	硝酸钠	0.03
八角	0.15		

注：0.03kg硝酸钠用水化成1kg。

3. 加工工艺

（1）原料选择与整理选用重量在2kg以上的太湖鹅为最好，宰杀后放血，去毛，腹上开膛，取尽全部内脏，洗净血污等杂物，晾干水分。

（2）腌制　用食盐把鹅身全部擦遍，腹腔内上盐少许，然后放入木桶中腌渍，夏季1～2d，冬季2～3d。

（3）煮制　下锅前，先将老汤烧沸，将上述辅料放入锅内，并在每只鹅腹内放入丁香、砂仁少许，葱结20g，姜2片，黄酒1～2汤匙，随即将鹅放入沸汤中，用旺火烧煮。同时加入黄酒1.75kg。汤沸后，用微火煮40～60min，当鹅的两翅“开小花”时即可起锅。

（4）卤汁制作　用25kg老汁（酱猪头肉卤）以微火加热熔化，再加火烧沸，放入红曲米1.5kg，白糖20kg，黄酒0.75kg，姜200g，用铁铲在锅内不断搅动，防止锅底结锅巴，熬汁的时间随老汁的浓度而定，一般烧到卤汁发稠时即可。以上配制的卤汁可连续使用。

（5）酱制　将起锅后的鹅冷却20min后，在整只鹅体上均匀涂抹特制的红色卤汁，即为成品。

酱鹅挂在架上要不滴卤，外貌似整鹅状，外表皮呈琥珀色。食用时，取卤汁0.25kg，用锅熬成浓汁，在鹅身上再涂抹一层，然后鹅切成块状，装在盘中，再把浓汁浇在鹅块上，即可食用。

十、酱排骨

（一）无锡酱排骨

无锡酱排骨又名无锡酥骨肉、无锡肉骨头，相传1895年就开始生产酥骨肉，早在清光绪二十二年（1896年），就行销于市，最早产于江苏省无锡，是历史悠久、闻名中外的无锡传统名产之一。20世纪30年代，无锡城中三凤桥慎馀肉庄又加以改进，形成现今无锡肉骨头的风味，又称无锡三凤桥肉骨头。无锡肉骨头因选料严格，配料考究，做工精细，火候适度而具独特的风味。

1. 工艺流程

原料选择与整理→腌制→烧煮→制卤→成品

2. 配方（以100kg排骨计，单位：kg）

配方一：

八角	0.50	丁香	0.02
料酒	3.00	食盐	9.00
葱	0.50	味川神厨卤味增香膏	0.60～0.80
生姜	0.50		
桂皮	0.50	硝酸钠	适量
优质酱油	13.00		

配方二：

盐粒	3.00	丁香	0.03
硝酸钠	0.03	味精	0.06
食盐	2.00	绍酒	3.00
姜	0.50	酱油	10.00
桂皮	0.30	白糖	6.00
小茴香	0.25		

配方三：

优质酱油	13.00	八角	0.50
白糖	0.60	桂皮	0.50
食盐	9.00	葱	0.50
丁香	0.02	生姜	0.15
料酒	3.00	硝酸钠	少许

配方四：

食盐	3.00	生姜	0.50
酱油	10.00	桂皮	0.30
料酒	3.00	小茴香	0.26
白糖	6.00	丁香	0.25
味精	0.20	硝酸钠	0.03
葱	0.50		

3. 加工工艺

（1）原料选择与整理　选用饲养期短，肉质鲜嫩的猪，选其胸腔骨（即炒排骨、小排骨）为原料，也可采用肋条（去皮去膘，称肋排）和脊背大排骨，以前夹心肋排为佳。骨肉重量比约为 1∶3。将排骨斩成宽 7cm、长 11cm 左右的长方块，如以大排骨为原料，则斩成厚约 1.2cm 的扇形块状，过大的排骨每一脊椎骨可斩为两片，俗称鸳鸯块，瘦小的排骨每一脊椎骨一片，注意外形要整齐，大小基本相同，每块重约 150g。

（2）腌制　将硝酸钠、食盐用水溶解拌匀，均匀洒在排骨上，然后置于缸内腌制。也可将生排骨放在缸内，加进食盐和已溶解的硝酸钠，并用木棒搅拌，使咸味均匀，搅至排骨“出汗”时取出，晾放一昼夜，沥尽血水。5℃左右腌制24h，夏季4h，春秋季8h，冬季10～24h。在腌制过程中须上下翻动1～2次，使咸味均匀。

（3）烧煮　将腌制好的排骨块坯料从缸中捞出，清水冲洗，然后将坯料放入锅内加满清水烧煮1h，上下翻动，随时撇去肉汤中的血沫、浮油和碎骨屑等，经煮沸后取出坯料，并用清水冲洗干净后，沥干待用。将葱、姜、桂皮、小茴香、丁香分装成三个布袋，放在锅底，然后将坯料再放入锅垫内（烧煮熟肉制品特制的竹篾筐），按顺序加入红酱油、绍酒、食盐及去除杂质的白烧肉汤，汤的数量掌握在低于坯料平面3～4cm（以3.3cm为佳，又称紧汤）处。如加入老汤，应该将老汤预先烧开和过滤后的白烧肉汤一起倒入锅中。然后盖上锅盖，用旺火烧煮2h左右，加入味川神厨卤味增香膏，改用文火焖10～20min，待汤汁变浓时即退火出锅，放通风处冷却。或者盖上锅盖，用旺火煮开，加上料酒、红酱油和食盐，并持续30min，改用小火焖煮2h。在焖煮中不要上下翻动，焖至骨肉酥透时，加入白糖，再用旺火烧10min，待汤汁变浓稠，即退火出锅。

（4）制卤　从锅内取出部分原汁加糖，用文火熬10～15min，使汤汁浓缩成卤汁。浇在烧煮过的排骨上，即成酱排骨。或者将锅内原汁撇去油质碎肉（浮油），滤去碎骨碎肉，取出部分加味精调匀后，均匀地洒在成品上。锅内剩余汤汁（即老汤或老卤）注意保存，循环使用。

（二）北京南味酱排骨

北京南味酱排骨是无锡酱排骨迁到北京后，结合北京的口味所制作的产品，兼具了南方和北方的口味特色。

1. 工艺流程

腌制→煮制→浇汤→成品

2. 配方（以100kg含肉量60%的猪排骨计，单位：kg）

料酒	3.50	白糖	5.00
盐粒	3.00	白酱油	2.50
红曲	0.80	大葱	2.00
八角	0.20	桂皮	0.20
硝酸钠	0.05	鲜姜	0.40

3. 加工工艺

(1) 腌制　先将排骨切割成每块100g，用盐粒、硝酸钠水腌制透红。

(2) 煮制　将腌好的排骨放入锅内煮10min，加红曲再煮20min后捞出，用清水洗净，然后将汤清好从锅内舀出，锅刷干净后，放入竹箅子，箅子上放好原料和辅料袋，再把清好的汤倒回锅内，用旺火煮90min后，把70%白糖和料酒放进用微火煮1h，即可出锅。

(3) 浇汤　把剩余白糖加入锅内，熬成浓汤汁，用浓汤汁涂抹在排骨上即为成品。

(三) 无锡酱排骨家庭做法一

1. 工艺流程

原料处理→预煮→烹制→成品

2. 配方（以5kg猪排骨计，单位：g）

绍酒	125	葱	2
食盐	20	生姜	2
酱油	50	八角	2
白糖	25	桂皮	2

3. 加工工艺

(1) 原料处理　将排骨洗净，斩成适当大小的块，用盐拌匀后腌12h。

(2) 预煮　将腌制好的排骨取出，放入锅内，加入清水浸没，用旺火烧沸，捞出洗净，将锅里的汤倒掉。

(3) 烹制　在锅内放入竹箅垫底，将排骨整齐地放入，加入绍酒、葱结、姜块、八角、桂皮和250g清水，盖上锅盖，用旺火烧沸，加入酱油、白糖，盖好盖，用中火烧至汁稠，食用时改刀再装盘，并浇上原汁即可。

(四) 无锡酱排骨家庭做法二

1. 工艺流程

原料处理→烹制→成品

2. 配方（以2kg猪肋排骨计，单位：kg）

绍酒	0.10	生姜	0.025
精肥方肉	0.50	八角	0.015
酱油	0.30	桂皮	0.025
白糖	0.175	食盐	适量
葱	0.025	红曲米	少许

3. 加工工艺

(1) 原料处理　将排骨斩成小块，用硝末、红曲米、食盐拌匀，入缸腌10h左右。须将排骨腌透，使其吸入咸味。取出放入锅内，加清水烧沸，捞出洗净。

(2) 烹制　将锅洗净，用竹箅垫底，放入排骨和方肉，加绍酒、葱、姜、茴香、桂皮和1750g清水，盖上锅盖，用旺火烧沸，加酱油、白糖，再盖好锅盖，用中火焖烧1h，至排骨酥烂、汤汁浓香即可。

食用时改刀装盘，浇上卤汁。

十一、酱肘子

(一) 天福号酱肘子

北京酱肘子以天福号的最有名。天福号始创于清乾隆三年（公元1738年），至今已有200多年的历史，曾作为清王朝的贡品。天福号酱肘子选料严格，辅料产地固定、新鲜整齐，精工细作，制成的产品呈黑（红）色，香味扑鼻，肉烂香嫩，吃时流出清油，不腻利口。外皮和瘦肉同样香嫩。

1. 工艺流程

原料选择及整理 → 煮制 → 成品

2. 配方（以 100kg 肘子计，单位：kg）

食盐	4.00	白糖	0.80
桂皮	0.20	绍酒	0.80
生姜	0.50	花椒	0.10
八角	0.10		

3. 加工工艺

（1）原料选择及整理　选用重 1.75～2.25kg 的仔猪前腿作为原料，要求大小一致，肉质肥瘦、肉皮薄厚基本一样，无刀伤，外形完整。将原料浸泡在温水中，刮净皮上的油垢，用镊子镊去残毛，用清水洗涤干净，沥干备用。

（2）煮制　将洗净的肘子与调味料一起放入锅中，加水与肉平齐，旺火煮沸并保持 1h，待到汤的上层煮出油后，把肘肉取出，用清洁的冷水冲洗。与此同时，捞出肉汤中的残渣碎骨，撇去表面油层，再把肉汤过滤两次，彻底除去汤中的碎肉碎骨及块状调味料，把过滤好的汤汁倒入洗净的锅中，然后再把肘子肉放入锅中，用更旺的火煮 4h，最后用文火（汤表面冒小泡）焖 1h（约 90℃），使煮肘肉出的油再渗进肉内，即为成品。老汤可连续使用。

（二）太原酱肘花

太原酱肘花是太原市历史传统名品之一。酱肘花古称“缠花云梦肉”，早在唐朝时就有。此品系将肘肉卷压缠捆，卤酱成熟后切片冷食，因横断面有云波状花纹，故称缠花云梦肉，俗称为“酱肘花”，是老百姓合家团聚、佐餐下酒的佳品之一。酱肘花当属老字号“福记六味斋酱肘鸡鸭店”最好，该店已有 50 多年的历史，选料严格，加工精细，保持了历史传统工艺和风味，所制的酱肘花有独到之处。

1. 工艺流程

原料处理 → 腌制 → 酱制 → 二次酱制 → 刷酱汁 → 成品

2. 加工工艺

(1) 原料处理　先将肘子燎尽猪毛，去骨，洗净后用冷水浸泡2～3h，控净水分后待用。

(2) 腌制　用碎盐米和花椒反复揉搓，腌渍1d后，再将肘子逐个卷成柱状，皮朝外再用细麻绳反复缠捆。

(3) 酱制　将卤酱的老汤上火烧开，撇去浮沫，将肘子及调料袋放入卤锅，烧开后用小火焖煮2h，捞出晾凉。

(4) 二次酱制　将卤汤撇去油，过滤后再将肘子垫箅子于锅内摆放好后，用小火煮2h，然后焖h，捞出晾凉。

(5) 刷酱汁　去掉缠捆的绳子，再将酱汁刷在肘花上面，使之挂在肘花表面，晾凉后即为成品。食用时横断切薄片即可。

(三) 酱肘子

1. 工艺流程

原料选择与处理→煮制→浇汤→成品

2. 配方（以100kg猪肘子计，单位：kg）

花椒	0.20	八角	0.20
桂皮	0.30	生姜	0.40
白糖	0.80	料酒	0.50
盐粒	3.50		

3. 加工工艺

选用检验合格的猪后肘作为原料，肘子重量每个约200g左右。选好原料后，将肘子的毛、淤血、脏污等洗刷干净，然后下沸水锅焯水1h左右。焯水结束后，将肘子从锅中捞出，汤汁过滤，然后在锅中放入辅料袋和肘子，用旺火煮制3h左右。在煮制期间需要翻锅两次，如发现汤少，可随时续汤。大火煮制结束后，用微火焖煮1h左右，在这1h内开始加糖色（糖色的加工过程参见六味斋酱猪肉的制作），待产品出锅前加料酒。出锅后，进行浇汤工序，即把锅内原汁，刷在肘子表面，即为成品。

(四) 酱肘子生产新工艺

酱肘子的传统制法煮制时间长，耗能多，出品率低。人们根据西式火腿的加工原理，将盐水注射、低温腌制和低温焖煮等技术应用于酱肘子生产中，开发了酱肘子生产新工艺。

1. 工艺流程

原料选择与整理→腌制→调制料汤→煮制→出锅→成品

2. 配方

（1）料汤配方（以 100kg 料汤计，单位：kg）

花椒	0.20	八角	0.30
大蒜	0.50	生姜	0.50
红辣椒	0.05	料汁	适量
食盐	适量		

（2）煮制配方（以猪肘子 100kg 计，单位：kg）

食盐	1.00	料汤	0.50
白糖	0.50		

3. 加工工艺

（1）原料选择与整理　选择瘦肉率高的进口白猪前肘作为原料，要求皮嫩膘薄，大小均匀。如原料为冻品，需要用水解冻，使肘子呈半解冻状态。然后用喷灯烧净皮上所带残毛。清水浸泡 10min，用刀刮净皮上污泥及焦煳的地方。接下来进行剔骨工序，即刀先后从猪肘两端插入，沿骨缘划一圈，剔除膝盖，再割断与骨相联的骨膜、韧带、肌肉等，将前臂骨取出。剔骨操作不能破坏肌肉结构，更不能破坏肉皮，以免影响腌制和外形美观。然后用清水冲洗干净，沥水后待用。解冻及清洗用水需洁净，不含铁铜等物质。

（2）腌制　腌制前首先进行腌制剂的配制，即老汤冷却后除油过滤，调盐度 10°Bé。然后采用盐水注射机进行肌肉注射，注射机针头直接插入肌肉内，注射速度不能过快，保证肌肉饱满，腌制液不外射。注射量为肘子重的 10%，注射结束后，再将肘子浸入腌制液中在 2～3℃下，腌制 12h。

（3）调制料汤　加入适量食盐使料汤的盐度调至 8°Bé，煮沸后去除表层污物；然后加入各种调料和熬好的料汁，即为料汤。

（4）煮制　将腌制好的猪肘沥尽腌制剂后入锅进行煮制。按肘子的量加入食盐、白糖和料汤，大火煮沸后调文火，保持汤温95～98℃、70min左右，肘子在汤沸后下锅，小火煮制时应保持汤面微开，即“沸而不腾”，煮制中间翻动1次，保证均匀上色，成熟时间一致，出锅前将汤液煮沸。

(5) 出锅　先分别捞出蒜、姜片、红辣椒、八角，肘子出锅时应轻捞轻放，避免碰破、摔碎。

十二、酱猪头肉

（一）北京酱猪头膏

1. 工艺流程

原料处理→腌制→煮制→浇汤→成品

2. 配方（以100kg猪头肉计，单位：kg）

白糖	3.00	料酒	1.00
葱	1.00	盐粒	2.50
花椒	0.10	八角	0.30
桂皮	0.30	味精	0.10
硝酸钠	0.05	红曲米	适量
酱油	5.00		

3. 加工工艺

北京酱猪头膏在制作时，首先将猪头肉去净毛，剔去骨头，修割干净后，备用。接下来用盐粒、硝酸钠进行腌制1～2d，腌制结束后，捞出用清水清洗干净，沥干后进行煮制。煮制时，将腌制好的猪头肉下锅焯一遍，捞出后用老汤加辅料煮2～3h，煮熟出锅后放入不锈钢盘内。最后进行浇汤工序，即将锅内老汤清出，将老汤倒入盛放味精的容器内，搅匀后，把老汤浇在肉上（每50kg加汤7.5kg左右），最后把猪头肉放入冷库内冻6h左右，即为成品。

（二）北京和成楼酱猪头肉

和成楼肉店，开业于1929年，至今已有近80年的历史。

1. 工艺流程

原料选择与整理 → 煮制 → 酱制 → 成品

2. 加工工艺

（1）原料选择与整理　选用京东八县一带的猪头作为原料。这种猪个头不大，重 50kg 左右，皮薄肉嫩，没有大膘。酱猪头肉选用鲜猪头，去净毛，然后将猪头下颌的肉皮挑开，打开牙板骨，将骨头劈开，泡在清水中过一夜，以去除多余的血污，待猪头刮洗干净后，用开水烫洗，去掉小毛和毛根。

（2）煮制　先将选好洗净的猪头肉坯，放置在烧开的老汤锅内，旺火煮至七成熟取出脱骨，清掉煮汤中的沫子。再把猪骨头铺在锅底，把煮好的肉码在上面，放入装有新佐料的纱布袋，添足水，用旺火煮制 1.5h 左右，然后用慢火煮制 1h 左右，最后进行焖煮 0.5h。

（3）酱制　把剩下的少量酱汁均匀地擦在酱猪头肉的皮上，使之光洁透亮，即为成品。

（三）北京福云楼酱猪头肉

福云楼，开业于光绪二十二年（公元 1897 年），是有 100 多年历史的肉食老店。福云楼酱猪头肉，是京味肉食名品之一。

1. 工艺流程

原料选择与整理 → 煮制 → 酱制 → 成品贮存

2. 加工工艺

（1）原料选择与整理　福云楼酱猪头肉过去一直选用京东八县的优种猪。这种猪个体小、皮薄肉嫩、膘厚适中，后由北京市食品公司选择适用原料供应。辅料有食盐、酱油、花椒、八角、小茴香、桂皮、葱、姜等。选好料后，先把猪头刷洗干净，挖去眼毛、耳根，除掉淋巴结等，然后将猪头劈开两片。

（2）煮制　将处理好的猪头放入清水中煮开，以去除腥味。水开后，将锅中的猪头肉捞出，洗锅后，在锅内放入清汤，配上辅料进行煮制。煮至六七成熟捞出，趁热去骨（叫脱坯）。

（3）酱制　把坯子码放在另一锅内，中间留有汤眼，四周码好猪头，放入锅内，盖上盖进行酱制。酱制时要掌握火候。开始用大火煮，以后用文火煮。这种酱制方法，是酱猪头的关键。

（4）贮存　盛装容器要清洁卫生，成品须晾透后方可低温贮藏。

（四）天津酱猪头肉

1. 工艺流程

原料选择及预处理 → 煮制 → 成品

2. 配方（以 100kg 猪头肉计，单位：kg）

酱油	4.00	大葱	0.20
黄酒	0.50	花椒	0.10
白芷	0.05	八角	0.10
山柰	0.05	桂皮	0.10
丁香	0.05	小茴香	0.10
生姜	0.20	大蒜	0.10
盐粒	3.00		

3. 加工工艺

天津酱猪头肉制作时，需要选用合格的猪头肉作为原料，选好的原料刮净毛垢、割掉淋巴结后，用清水刷洗干净，然后放入清水中泡 4h，除去血污，接着用开水焯 30min 左右，然后将焯过水的猪头肉放入老汤锅内，加入全部辅料，煮制 2h 左右后捞出即为成品。

（五）猪头方肉

猪头方肉始产于上海，亦称“五香猪头方肉”，只有 40 多年的历史。其制作工艺系采用中式肉制品的酱制方法，西式火腿的成型模具使产品保持传统酱肉的风味、西式火腿的外形。该产品价廉物美，深受消费者欢迎。猪头方肉分“红”、“白”两个品种，分别在配料中使用红、白两种酱油制成。

1. 工艺流程

原料选择及整理 → 白烧 → 红烧 → 装模 → 成品

2. 配方（以 100kg 猪头肉计，单位：kg）

白酱油	9.00	生姜	0.26
食盐	3.00	八角	0.26
白糖	4.00	味精	0.10
料酒	3.00	桂皮	0.20
葱	0.26	硝酸钠	0.05

3. 加工工艺

（1）原料选择及整理　以猪头肉作原料，割去猪头两面的淋巴和唾液腺，刮净耳、鼻、眼等处的长毛、硬毛和绒毛，并割去面部斑点，洗净血污。

（2）白烧　将猪头放入锅内，加水漫过肉面，加入50g硝酸钠和1kg食盐，旺火烧沸，用铲子翻动原料，撇去浮油杂质，用文火焖煮约1.5h，以容易拆骨为宜。取出，用冷水冲浇降温，拆去大骨，除净小骨碎骨，取出眼珠，割去眼皮和唇衣，拣出牙床骨。肉汤过滤备用。

（3）红烧　先在锅底架上竹箅，防止原料贴底烧焦，将葱、姜、桂皮和八角分别装于两个小麻布袋内，置于锅底，再放入坯料，肉向下，皮向上，一层一层放入，每层撒一些盐，最后加入料酒、白酱油和过滤后的白烧肉汤，汤的加入量以低于坯料3cm为度。用旺火烧1.5h，使坯料酥烂。出锅前10min加入白糖和味精，红烧过程中不必翻动。出锅后稍冷却即可装模。

（4）装模　模具为西式火腿使用的长方形不锈钢成型模具，先在模具内垫上玻璃纸，割下鼻肉和耳朵，切成与模具相适应的长方形块。装模时，将皮贴于模具周围，边缘相互连接，中间放入鼻肉、耳朵、碎肉和精肉，注意肥瘦搭配。装满后，上面盖上一层带肉的坯料，用手压紧，倾出模型内流出的汁液，用玻璃纸包严，加模盖并压紧弹簧，放在冷水池中冷却5～6h。拆开包装后即为成品，一般切成冷盘食用。

十三、其他酱猪肉制品

（一）无锡酱烧肝

“无锡酱烧肝”历史悠久，滋味隽永。无锡地区都把它当作一种年菜食用。

1. 工艺流程

原料处理 → 熟制 → 煮制 → 成品

2. 配方（以 100kg 鲜猪小肠、猪肝计，单位：kg）

酱油	8.00	香料包	0.80
黄酒	3.00	明矾	适量
白糖	2.50	硝水	适量
生姜	0.80		

注：香料包由八角、肉桂、丁香组成，三者总量为 0.8kg。

3. 加工工艺

(1) 原料处理　将猪小肠连同花油割下，翻转清洗整理洁净，放入锅内，加硝水（将 0.06kg 硝酸钠溶化制卤水 2kg）、明矾和清水用大火烧，同时用木棍不断搅拌，直到小肠不腻，污垢去净，再用清水洗净，逐根倒套在铁钩上，抹干水分，切成小段。

(2) 熟制　将猪肝洗净，放入沸水中煮到四成熟，取出切成小块。然后用一段小肠绕一块猪肝（即用小肠打一个结把小块猪肝结在里面）。

(3) 煮制　用适量水，加黄酒、糖、姜、酱油和香料包，先用大火烧约 2h，再用小火焖 0.5h 左右至猪肝煮熟，即可食用。出品率约 60%。

（二）酱猪肝

1. 工艺流程

原料处理 → 煮制 → 冷却 → 成品

2. 配方（以 100kg 猪肝计，单位：kg）

豆油	3.75	料酒	5.00
葱	2.50	白糖	1.25
生姜	0.50	胡椒面	适量
酱油	100		

3. 加工工艺

首先将猪肝泡在水里1h左右，泡尽污物杂质，然后捞出再用开水烫一下。将烫猪肝的水倒掉，加入50kg清水。将葱切成2cm长的段，姜切成薄片，与料酒、胡椒面、酱油、豆油、白糖一起倒进锅里，在微火上烧1h左右。将酱好的猪肝晾凉，然后切成薄片，即可食用。

（三）上海酱猪肚

1. 工艺流程

选料、整理 → 焯水 → 刮膜 → 煮制 → 成品

2. 配方（以100kg猪肚计，单位：kg）

白酱油	3.50	食用红色素	0.08
白糖	2.50	盐粒	3.50
桂皮	0.10	黄酒	3.50
生姜	0.40	八角	0.20
红曲米	0.20	葱	0.50

3. 加工工艺

选用合格的猪肚，将光滑面翻到外边，用盐搓洗后，再用清水漂洗，除净污物和盐渍。然后进行焯水工序，将处理好的猪肚放入沸水锅内，焯20min左右。焯完水后，即可进行煮制，从焯水锅中捞出后刮掉表皮白膜，放入装好料袋的老汤锅内煮制2.5h左右，捞出即为成品。

（四）北京酱猪舌

1. 工艺流程

原料处理 → 酱煮 → 产品

2. 配方（以100kg猪舌计，单位：kg）

水	5.00	桂皮	0.02
食盐	0.35	葱	0.008
酱油	0.75	姜片	0.013
花椒	0.02	蒜	0.008
八角	0.02		

注：用白纱布将八角、花椒、桂皮包入，并扎口，制成香料包。

3. 加工工艺

先将猪舌洗净，用开水中浸泡 5～10min，刮去舌苔，再用刀将猪舌接近喉管处破开，并在喉头处扎一些眼。将处理好的猪舌直接投入酱汤锅（把酱汤辅料放入锅中，烧开溶解即成），先旺火烧开，撇去浮沫，然后用小火焖煮至熟即为成品。

（五）湖南酱汁肉

1. 工艺流程

原料选择 → 预处理 → 酱制 → 成品

2. 配方（以 100kg 原料计，单位：kg）

白糖	4.00	酱油	2.00
料酒	3.00	食盐	3.00
小茴香	0.20	味精	0.20
桂皮	0.20	生姜	1.00
红曲米	0.80	葱	2.00

3. 加工工艺

（1）原料选择　鲜猪肉、肘子、排骨、猪头、蹄、尾、大肠、肚、舌、肝、腰、心、沙肝等均可作为加工原料。

（2）预处理　猪头、尾、蹄拔净毛，泡入水中刮净污物，排出血水，猪头取去骨头，猪腿缝中砍开，放在开水锅内煮 0.5h，捞出沥干后拔去眼骨，并钳去未烧净的毛，即为半成品。猪大肠和猪肚，必须都要翻开用清水加盐反复揉擦，要将肠肚内杂质揉干净，用刀修净油筋。放入开水锅内煮 15min，用刷子向肠肚面上反复搅动，将肠肚上的黏膜处理干净后出锅，放入清水中漂洗后，用小刀将肚脐边的皮刮净。猪舌首先将舌兜用刀劈开，放在开水锅中焯一下捞上来，放在清水中刮去舌上的苔皮，用冷水漂洗干净。猪心，先用刀将心剖开，洗出污血，用水漂洗干净。猪肝分三叶，用刀切开，每叶上用小刀划成枝叶形的花刀，放入开水锅内煮 10min，捞出来用清水漂洗干净。沙肝先用清水洗净污浊，放入开水锅中煮 10min，捞出用水漂洗干净。猪肉先将肉切成 4cm 的小方块，放入开水锅内煮15min，捞出用水漂洗干净。排骨，砍成3×3cm厚的方块，长宽7∶6左右，用清水洗干净，再放入开水锅内煮20min。

（3）酱制　将锅洗干净后，按原料多少适当放水，以没过原料为度，将水烧开后把肉放入煮1.5h左右，同时将红曲粉装入布袋中放在容器内开水浸泡后，用手揉搓使清水变成红汁时，将1/3红曲汁放入锅内进行煮制。在未放红曲前，将肚和肘子放入锅内煮制10～20min后，捞出；将排骨放入锅煮10～20min，同猪肉一起捞出；把猪蹄和猪舌放在锅内煮20min一同捞出。在煮制过程中必须将锅里的泡沫、浮油等随时捞出。待全部原料煮完后，用细筛子将汤内的杂质捞净，把盐放在原汤内。复煮时，将八角、桂皮、大葱、生姜放在汤内，汤上放硬箅子，锅的周围用垫子垫好，防止产品粘锅，从底层到顶层依次放入猪头、猪蹄、肘子、猪肚、猪舌、排骨和猪肉，将1/5的糖撒在肉面上，再把酱油、酒一同放入，用锅盖盖好，大火煮2h左右，煮到筷子可以扎入瘦肉时，再将1/5的白糖撒在上面，然后继续煮1h即可出锅。出锅时必须将各品种分别叠放于容器内。出完锅后，将锅内的辅料和碎肉全部捞出来，并捞净杂质，放入剩下的味精和白糖，用微火熬10～15min成酱汁，从锅里捞出来，及时刷在成品上面，即为酱汁产品。

十四、其他酱牛肉制品

（一）酱牛肝

1. 工艺流程

原料修割→洗涤→烫煮→熟制→成品

2. 配方（以鲜牛肝100kg为标准，单位：kg）

食盐	5.00	大葱	0.50
糖色	0.30	鲜姜	0.50
桂皮	0.19	大蒜	0.50
小茴香	0.10	花椒	0.10
面酱	2.00	八角	0.20
丁香	0.01		

3. 加工工艺

先把鲜牛肝上的苦胆和筋膜小心剔除，切勿撕破，用清水把牛肝上的血污杂质彻底洗净，放入清水锅中煮沸 15min 左右，然后捞出浸泡在清洁的冷水中。煮锅内加入适量清水，把桂皮、小茴香、丁香、鲜姜、花椒、八角用纱布袋装好，随同其他调料一起投入锅内煮沸，然后加入清水 40kg（连同锅中水在内的总量），煮沸后将牛肝入锅煮制。锅内的水温要保持在 90℃左右，切不可过高，否则牛肝会太硬。煮 2h 左右，把牛肝捞出，冷凉后即为成品。

（二）南酱腱子

1. 工艺流程

原料清洗→煮制→酱制→产品

2. 配方（以 100kg 牛腱子计，单位：kg）

葱	1.00	鲜姜	1.00
酱油	20.00	白酒	20.00
食盐	6.00	熟硝	0.04
白糖	10.00		

3. 加工工艺

选用符合卫生要求、整齐的鲜牛腱子作为原料，先切成 200g 左右的肉块，用凉水浸泡 20min，以除去血污，然后捞出，清水洗净，将牛腱子放入开水锅中焯一下捞出，放入凉水中清洗干净，沥去水。然后在锅里放入清洁的老汤，加入葱、姜、食盐、酱油、白酒、熟硝、白糖，放入牛腱块，用慢火煮制 3h 左右，待牛腱子熟烂，捞出晾凉后，浇上酱汁即为成品。

（三）酱牛蹄筋

1. 工艺流程

原料处理→煮熟→剔骨→成品

2. 配方（以 100kg 原料为标准，单位：kg）

食盐	5.00	大葱	0.50
糖色	0.30	鲜姜	0.50
桂皮	0.19	大蒜	0.50
小茴香	0.10	花椒	0.10
面酱	2.00	八角	0.20
丁香	0.01		

3. 加工工艺

把牛蹄刷洗干净，用开水烫煮15min，脱去牛蹄壳，刮去皮毛等，用清水洗净。然后把牛蹄投入沸水锅中，水温保持在90℃左右，约煮2.5h，待牛蹄煮熟后取出。把熟牛蹄的趾骨全部剔除，剩余部分全是牛蹄筋。然后在煮锅内加入适量清水，把桂皮、小茴香、丁香、鲜姜、花椒、八角用纱布袋装好，随同其他调料一同投入锅内煮沸，然后加入清水40kg（连同锅中水放入总量），煮沸后将牛蹄筋入锅煮制1h左右，待牛蹄筋煮烂熟后，捞出冷却，即为成品。

十五、其他酱羊肉制品

（一）北京酱羊下水

1. 工艺流程

原料选择 → 原料整理 → 原料分割 → 煮制 → 成品

2. 配方（按100kg下水计，单位：kg）

酱油	6.00	丁香	0.20
桂皮	0.30	砂仁	0.20
盐粒	5.00	八角	0.30
花椒	0.30		

3. 加工工艺

（1）原料选择　选用经兽医卫生检验合格的羊下水作原料。羊心要求表面有光泽，按压时有汁液渗出，无异味；羊肝应呈赤褐或黄褐色，不发黏；羊肺应表面光滑，呈淡红色，指压柔软而有弹性，切面淡红色，可压出气泡；羊肚、肠应呈白色，无臭味，有拉力和坚实感；羊肾应肉质细密，富于弹性。

（2）原料整理　羊肚套和麻肚内壁生长一层黏膜，整理时要刮掉。方法是把羊肚放在60℃以上的热水中浸烫，烫到能用手抹下肚毛时即可，取出铺在操作台上，用钝刀将肚毛刮掉，再用清水洗干净，最后把肚面的脂肪用刀割掉或用手撕下。也可用烧碱处理，然后放在洗百叶机里洗打，待毛打净后取出修割冲洗干净。

羊百叶层多容易带粪，应先放入洗百叶机洗干净，也可用手翻洗。洗净后用手把百叶表层的油和污染了的表膜撕下，撕时横向找出欠茬，再顺向将表膜撕下，撕净后，用刀把四边修割干净。

整理羊三袋葫芦时先要把羊三袋葫芦从里往外用刀割开，刮去胃壁上的黏膜，用水冲洗干净，然后用刀刮净表面的污物和脂肪。羊三袋葫芦的小头有一小段肠子应去掉。

整理羊肺时要把气管从中割开，用水洗干净，用刀修割掉和心脏连接处的污染物。

（3）原料分割　把经过整理的羊下水分割成各种规格的条块。羊肚又薄又小，不再分割。羊心、羊肺、羊肝要从中破一刀，可以整个下锅。羊肺膨大分成3～4瓣。羊下水多时，肚子、肺、心、肝可以分别单煮。

（4）煮制　先把老汤放在锅里兑上清水，用旺火烧开。放好箅子，然后依次放入羊肺、心、肝、羊肚等，用旺火煮30min，把所有辅料一同下锅，放在开锅头上用旺火再煮30min，将锅压好，老汤要没过下水6.5cm以上，然后改用文火焖煮。在焖煮过程中每隔60min左右翻锅一次，共翻锅2～3次。翻锅时注意垫锅箅子不要挪开，防止下水贴底糊锅。羊下水一般煮3～4h，吃火大的，煮的时间要适当长些。出锅前先用筷子或铁钩试探成熟的程度，一触即可透过时，说明熟烂，应及时捞出。先在锅里把下水上的辅料渣去干净，尤其是肚板、百叶和三袋葫芦容易粘辅料渣，要格外小心，在热锅里多涮几遍。捞出的下水控净汤后进行冷却，凉透即为成品。

(二) 北京酱羊头、酱羊蹄

1. 工艺流程

原料选择 → 原料修整 → 煮制 → 成品

2. 配方 (以 100kg 羊头、羊蹄计，单位：kg)

酱油	6.00	丁香	0.20
桂皮	0.30	砂仁	0.20
盐粒	5.00	八角	0.30
花椒	0.30		

3. 加工工艺

(1) 原料选择　选用经兽医卫生检验合格的带骨羊头、羊蹄，要求个体完整，表面光洁，无毛、无病变、无异味，表面干燥有薄膜，不黏、有弹性。

(2) 原料修整　羊头、羊蹄应用烧碱褪毛法将毛去净，脱去羊蹄蹄壳。绵羊蹄的蹄甲两趾之间在皮层内有一小撮毛（俗称小耗子），要用刀修割掉。要将羊头的羊舌掏出，用刀将两腮和喉头挑豁，然后用清水将羊头口腔涮净。

(3) 煮制　羊头、羊蹄在下锅之前要先检查是否符合质量要求，不符合标准的要重新进行整理。在煮锅内放入老汤，放足水，用旺火将老汤烧开，垫好箅子，把羊头放入锅内（先放老的，后放嫩的），用旺火煮 30min 后，将所有辅料一同下锅，再煮 30min，改用文火煮。煮制过程中每隔 60min 翻锅一次，共翻 2～3 次。翻锅时用小铁钩钩住羊头的鼻子嘴（即羊头与脖子骨相交的关节处或羊眼眶），把较硬的、老的放在开锅头上，从上边逐个翻到下边。老嫩程度不同的羊头煮熟所需时间相差很大，不可能同时出锅，要随熟随出。熟羊头表面有光泽，柔软略有弹性。不熟的羊头，羊耳较硬直。有的老羊头要煮 4h，与嫩羊头相差 1h。熟透的羊头容易散碎，肉容易脱骨，所以必须轻拿轻放，保持羊头的完整。

(三) 北京酱羊腔骨

1. 工艺流程

原料选择与修整 → 煮制 → 成品

2. 配方（以 100kg 羊腔骨计，单位：kg）

酱油	6.00	花椒	0.15
八角	0.20	肉料面	0.30
盐粒	6.00	桂皮	0.20

3. 加工工艺

（1）原料选择与修整　截取羊腔骨后段尾巴桩前后为腔骨，在剔肉时这部位的肉生剔不易剔干净，常留一些肉在骨头上作酱腔骨用，截取羊腔骨的前一段即羊脖子，这一段肉多，不易剔干净，所以有意留下作酱羊脖子用。将杂质、血脖、皮爪，用清水洗净，以备煮制。

（2）煮制　放老汤兑足清水，旺火烧开后，放入羊腔骨，再放入辅料，旺火煮 30min 后改用文火焖煮 3h。中间翻锅 1～2 次，若稍用力能将羊腔骨和羊脖子折断，表明已经煮熟，可以出锅。用手掰时脖子或腔骨不易折断，或断后肉有红色，骨有白色为不熟，要继续煮。但千万不能煮过火，过火会使肉脱骨，也叫落锅。

（四）天津酱羊杂碎

1. 工艺流程

原料选择与整理 → 酱制 → 成品

2. 配方（以 100kg 羊杂碎计，单位：kg）

盐粒	6.00	山柰	0.50
八角	0.30	草果	0.50
花椒	0.50	白芷	0.50
丁香	0.30		

3. 加工工艺

（1）原料选择与整理　选用经卫生检验合格的羊杂碎。主要包括：羊肚、肺、三袋葫芦、肥肠、心肺管、食道、腕口（直肠）、罗圈皮（膈肌）、沙肝（脾脏）和头肉等，有时也把羊舌、羊尾、羊蹄、羊脑、羊心、肝、肾等放在一起酱制。把整理过的羊杂碎在酱制前再整理一次。修净污物杂质，把羊肚两面刮净，用水漂洗2～3次。把洗净的各脏器，根据体积大小分割成1～1.5kg的条块，对体积小的脏器，如羊心肝、羊三袋葫芦、羊脑等不再分割。分割后的杂碎，再用清水浸泡1～2h。

（2）酱制　羊杂碎要分开酱制，专汤专用，专锅专用，不然会影响味道和质量。先把老汤烧开，撇净浮沫后投放原料。投料时要把羊肺放在底层，其他的放在上面，加上竹箅用重物压住，使老汤没过原料。

煮制时用旺火煮30min后投放辅料，再煮30min后放酱油，随后改为文火，盖严锅盖焖煮2h后投放盐粒。30min左右翻锅1次，即把底层的肺翻到上面。在酱制过程中，共翻锅3～4次，肺和沙肝容易粘锅，要避免粘连锅底。羊杂碎需要酱制3～4h，出锅时个体小而吃火又较浅的脏器，如脑、蹄、尾、心、肝等先熟，先出锅。出锅时将不同的品种分开放置，不要掺杂乱放。控净汤汁后，即可销售。

第三节　卤肉制品加工

卤肉制品是指将原料肉放入调制好的卤汁或保存的陈卤中，先用大火煮制，待卤汁煮沸后改用小火慢慢卤制，直至酥烂而成的肉制品，是中国典型的传统熟肉类制品，其特点为产品酥软，风味浓郁。卤肉制品一般多使用老卤。每次卤制后，都需对卤汁进行清卤（撇油、过滤、加热、晾凉），然后保存。

卤肉制品风味独特，通常现做即食，深受消费者喜爱。我国幅员辽阔，民族众多，因地区和风土人情特点不同，形成了大量各具地方风味和民族特色的传统卤肉制品。卤肉制品品种很多，按照加工原料，可分为卤禽肉制品、卤猪肉制品、卤牛肉制品等。其中以卤禽肉制品中的四大烧鸡最为著名。

一、卤禽肉制品

（一）河南道口烧鸡

道口烧鸡产于河南滑县道口镇，是驰名中外的佳肴，为我国“四大烧鸡”之首。道口镇位于河南省北部卫水之滨，素有“烧鸡之乡”的美誉。其中又以“义兴张烧鸡店”最为出名。据《滑县志》记载，“义兴张”烧鸡创始于清顺治十八年（公元1661年），距今已有300多年。

1. 工艺流程

原料选择 → 宰杀 → 浸烫和煺毛 → 开膛和造型 → 上色和油炸 → 煮制 → 成品

2. 配方（按100kg鸡为原料计，单位：g）

砂仁	15	食盐	2～3
陈皮	30	肉桂	90
白芷	90	草果	30
丁香	3	良姜	90
豆蔻	15	硝酸钾	15～18

3. 加工工艺

（1）原料选择　选择鸡龄在半年到2年以内，活重在1～1.3kg之间的嫩鸡或肥母鸡，尤以柴鸡为佳，鸡的体格要求胸腹长宽、两腿肥壮、健康无病。原料鸡的选择影响成品的色、形、味和出品率。

（2）宰杀　宰杀前禁食18h，禁食期间供给充足的清洁饮水，之后将要宰杀的活鸡抓牢，采用三管（血管、气管、食管）切断法，放血洗净，刀口要小。宰后2～3min趁鸡温尚未下降时，即可转入下道工序。放置的时间太长或太短均不易褪毛。

（3）浸烫和煺毛　当年鸡的褪毛浸烫水温可以保持在58℃，鸡龄超过一年的浸烫水温应适当提高在60～63℃之间，浸烫时间为2min左右。褪毛采用搓推法，背部的毛用倒茬方法褪去，腿部的毛可以顺茬褪去，这样不仅效率高，而且不伤鸡皮，确保鸡体完整。煺毛顺序从两侧大腿开始→右侧背→腹部→右翅→左侧背→左翅→头颈部。在清水中洗净细毛，搓掉皮肤上的表皮，使鸡胴体洁白。

（4）开膛和造型　用清水将鸡体洗净，并从踝关节处切去鸡爪。于颈根部切一小口，用手指取出嗉囊和三管并切断，之后在鸡腹部肛门下方横向作一个7～9cm切口（不可太深太长，严防伤及内脏和肠管，以免影响造型），从切口处掏出全部内脏（心、肝和肾脏可保留），旋割去肛门，并切除脂尾腺，去除鸡喙和舌衣，然后用清水多次冲洗腹内的残血和污物，直至鸡体内外干净洁白为止。

造型是道口烧鸡一大特色，又叫撑鸡，将洗好的鸡体放在案子上，腹部朝上，头向外而尾对操作者，左手握住鸡身，右手用刀从取内脏之刀口处，将肋骨从中间割断，并用手按折。根据鸡的大小，再用8～10cm长的高粱秆或竹棍撑入鸡腹腔，高粱秆下端顶着肾窝，上端顶着胸骨，撑开鸡体。然后在鸡的下腹尖部开一月牙形小切口，按裂腿与鸡身连接处的薄肉，把两只腿交叉插入洞内，两翅从背后交叉插入口腔，造型使鸡体成为两头尖的元宝形。现在也有不用高粱秆，不去爪，交叉盘入腹腔内造型。把造型完毕的白条鸡浸泡在清水中1～2h，使鸡体发白后取出沥干水分。

（5）上色和油炸　沥干水分的鸡体，用毛刷在体表均匀地涂上稀释的蜂蜜水溶液，水与蜂蜜之比为6∶4。用刷子涂糖液在鸡全身均匀刷三四次，每刷一次要等晾干后再刷第二次。稍许沥干，即可油炸上色。为确保油炸上色均匀，油炸时鸡体表面如有水滴，则需要用干布擦干。然后将鸡放入150～180℃的植物油中，翻炸约1min左右，待鸡体呈柿黄色时取出。油炸温度很重要，温度达不到时，鸡体上色不好。油炸时严禁破皮（为了防止油炸破皮，用肉鸡加工时，事先要腌制）。白条鸡油炸后，沥去油滴。

（6）煮制　用纱布袋将各种香料装入后扎好口，放于锅底，这些香料具有去腥、提香、开胃、健脾、防腐等功效。然后将鸡体整齐码好，将体格大或较老的鸡放在下面，体格小或较嫩的鸡放在上面。码好鸡体后，上面用竹箅盖住，竹箅上放置石头压住，以防煮制时鸡体浮出水面，熟制不均匀。然后倒入老汤（若没有老汤，除食盐外第一次所有配料加倍），并加等量清水，液面高于鸡体表层2～5cm左右。煮制时恰当地掌握火候和煮制时间十分重要。一般先用旺火将水烧开，在水开处放入硝酸钾，然后改用文火将鸡焖煮至熟。焖煮时间视季节、鸡龄、体重等因素而定。一般为当年鸡焖煮1.5～2h，一年以上的公母鸡焖煮2～4h，老鸡需要焖煮4～5h即可出锅。

出锅时，要一只手用竹筷从腹腔开口处插入，托住高粱秆或脊骨，另一只手用锅铲托住胸脯，把鸡捞出。捞出后鸡体不得重叠放置，应在室内摆开冷却，严防烧鸡变质。应注意卫生，并保持造型的美观与完整，不得使鸡体破碎。然后在鸡汤中加入适量食盐煮沸，放在容器中即为老汤，待再煮鸡时使用。老汤越老越好，有“要想烧鸡香，八味加老汤”的谚语。

道口烧鸡夏季在室温下可存放3d不腐，春秋季节可保质5～10d，冬季则可保质10～20d。

（二）安徽符离集烧鸡

符离集位于安徽淮北宿县地区，这里的人喜欢吃一种烧熟后涂上红曲的“红鸡”，因此又名“红曲鸡”。1910年一位管姓商人带来德州“五香脱骨扒鸡”的制法，两鸡融合，创出了一种别具风味的烧鸡——符离集烧鸡。最盛时期，符离集制作烧鸡的店铺多达百余家，以管、魏、韩三家最为出名。

1. 工艺流程

原料选择 → 宰杀 → 浸烫和煺毛 → 开膛和造型 → 上色和油炸 → 煮制 → 成品

2. 配方（按100kg重的原料光鸡计，单位：kg）

食盐	4.50	小茴香	0.05
肉蔻	0.05	桂皮	0.02
八角	0.30	丁香	0.02
白糖	1.00	砂仁	0.02
白芷	0.08	辛夷	0.02
山柰	0.07	硝酸钠	0.02
良姜	0.07	姜	0.8～1
花椒	0.01	草果	0.05
陈皮	0.02	葱	0.8～1

上述香料用纱布袋装好并扎好口备用。此外，配方中各香辛料应随季节变化及老汤多少加以适当调整，一般夏季比冬季减少30%。

3. 加工工艺

（1）原料选择　宜选择当年新（仔）鸡，每只活重1.0～1.5kg，并且健康无病。

（2）宰杀　宰杀前禁食12～24h，其间供应饮水。颈下切断三管，刀口要小。宰后约2～3min即可转入下道工序。

（3）浸烫和褪毛　在60～63℃水中浸烫2min左右进行褪毛，褪毛顺序从两侧大腿开始→右侧背→腹部→右翅→左侧背→左翅→头颈部。在清水中洗净，搓掉表皮，使鸡胴体洁白。

（4）开膛和造型　将清水泡后的白条鸡取出，使鸡体倒置，将鸡腹肚皮绷紧，用刀贴着龙骨向下切开小口，以能插进两手指为宜。用手指将全部内脏取出后，清水洗净。

用刀背将大腿骨打断（不能破皮），然后将两腿交叉，使跗关节套叠插入腹内，把右翅从颈部刀口穿入，从嘴里拔出向右扭，鸡头压在右翅两侧，右小翅压在大翅上，左翅也向里扭，用与右翅一样方法，并呈一直线，使鸡体呈十字形，形成“口衔羽翎，卧含双翅”的造型。造型后，用清水反复清洗，然后穿杆将水控净。

（5）上色和油炸　沥干的鸡体，用饴糖水均匀涂抹全身，饴糖与水的比例通常为1∶2，稍许沥干。然后将鸡放至加热到150～200℃的植物油中，翻炸1min左右，使鸡呈红色或黄中带红色时取出。油炸时间和温度至关重要，温度达不到时，鸡体上色不好。油炸时必须严禁弄破鸡皮。

（6）煮制　将各种配料连袋装于锅底，然后将鸡坯整齐地码好，将体格大或较老的鸡放在下面，体格小或较嫩的鸡放在上面。倒入老汤，并加适量清水，使液面高出鸡体，上面用竹箅和石头压盖，以防加热时鸡体浮出液面。先用旺火将汤烧开，煮时放盐，后放硝酸钠，以使鸡色鲜艳，表里一致。然后用文火徐徐焖煮至熟。当年仔鸡约煮 1～1.5h，隔年以上老鸡约煮 5～6h。若批量生产，鸡的老嫩要一致，以便于掌握火候，煮时火候对烧鸡的香味、鲜味都有影响。出锅捞鸡要小心，一定要确保造型完好，不散、不破，注意卫生。煮鸡的卤汁可妥善保存，以后再用，老卤越用越香。香料袋在鸡煮后捞出，可使用 2～3 次。

（三）山东德州扒鸡

德州扒鸡是由烧鸡演变而成。据传，早在元末明初，德州成了京都通达九省的御路，经济繁荣，码头集市便有了叫卖烧鸡的人。到清乾隆年间，德州即以制作烧鸡闻名。这种扒鸡的特点是：造型优美，整鸡呈伏卧衔羽状，栩栩如生；色泽艳丽，成品金黄透红，晶莹华贵；香气醇厚，成品香味浓郁，经久不失；口味适众，口感咸淡适中，香而不腻；熟烂脱骨，正品不失原形，趁热抖动，骨肉分离。扒鸡一年四季均可加工，但以中秋节后加工质量最佳。

1. 工艺流程

原料选择 → 宰杀和造型 → 上色和油炸 → 煮制 → 成品

2. 配方（按 100 只鸡重约 100kg 计，单位：kg）

原料	用量	原料	用量
八角	0.10	生姜	0.25
桂皮	0.125	陈皮	0.05
肉蔻	0.05	花椒	0.10
丁香	0.025	砂仁	0.01
白芷	0.12	小茴香	0.10
葱	0.50	草蔻	0.05
草果	0.05	食盐	3.50
山柰	0.075	酱油	4.00

3. 加工工艺

（1）原料选择　以中秋节后的当年新鸡为最好，每只活重1.0～1.5kg，并且健康无病。

（2）宰杀和造型　颈部三管切断法宰杀放血，放血干净后，于60℃左右水中浸烫褪毛，腹下开膛，除净内脏，以清水洗净后，将两腿交叉盘至肛门内，将双翅向前经由颈部刀口处伸进，在喙内交叉盘出，形成“口含羽翎，卧含双翅”的状态，造型优美。然后晾干，即可上色和油炸。

（3）上色和油炸　把做好造型的鸡用毛刷涂抹饴糖水于鸡体上，晾干后，再放至150℃油内炸1～2min，当鸡坯呈金黄透红为止。防止炸的时间过长，变成黄褐色，影响产品质量。

（4）煮制　将配制的香辛料用纱布袋装好并扎好口，放入锅内，将炸好的鸡沥干油，按顺序放入锅内排好，将老汤和新汤（清水30kg，放入去掉内脏的老母鸡6只，煮10h后，捞出鸡骨架，将汤过滤便成。）对半放入锅内，汤加至淹没鸡身为止，上面用铁箅子或石块压住以防止汤沸时鸡身翻滚。先用旺火煮沸1～2h（一般新鸡1h，老鸡约2h），改用微火焖煮，新鸡6～8h，老鸡8～10h即熟，煮时姜切片、葱切段塞入鸡腹腔内，焖煮之后，加水把汤煮沸，揭开锅将铁箅、石头去除，利用汤的沸腾和浮力左手用钩子钩着鸡头，右手用漏勺端鸡尾，把扒鸡轻轻提出。捞鸡时一定要动作轻捷而稳妥，以保持鸡体完整。然后，用细毛刷清理鸡身上的料渣，晾一会即为成品。

烹制时油炸不要过老。加调味料入锅焖烧时，旺火烧沸后，即用微火焖酥，这样可使鸡更加入味，忌用旺火急煮。煮过鸡的汤即为老汤。

（四）河北清真卤煮鸡

河北保定市马家老鸡铺的清真卤煮鸡，始于清嘉庆年间，后经马耀辉、马金波、马学勤等几代人的努力，成为独具风味的保定清真卤煮鸡。其色艳形美，肉嫩骨酥，软而不烂，味道醇香，闻名遐迩，脍炙人口，为地方名优特产之一。

1. 工艺流程

原料选择→宰杀→造型→卤煮→成品

2. 配方（按100只白条鸡计，单位：kg）

陈年老酱	2.00	白芷	0.15
五香粉	0.10	大葱	1.00
八角	0.15	鲜姜	0.30
花椒	0.10	大蒜	0.30
小茴香	0.10	食盐	3.00
桂皮	0.20		

注：五香粉（内有细砂仁、豆蔻、肉桂各11g，山柰45g，丁香22g，一起研末，装袋下锅）；陈年老酱须经三年晾晒、发酵。

3. 加工工艺

（1）原料选择　活鸡主要来自保定周围各县农村的柴鸡。选购标准是：鸡体丰满，个大膘肥的健康活鸡。

（2）宰杀　依照伊斯兰教规进行。活鸡宰杀后，立即入60～63℃的热水中浸烫、煺毛，不易煺净的绒毛，则用镊子夹取拔净。在去毛洗净的鸡腹部用刀开一小口，取出内脏，冲洗干净，沥干水分。

（3）造型　然后用木棍将鸡脯拍平，将一只翅膀插入口腔，使头颈弯回，另一只翅膀扭向后方，两腿摘胯，把两爪塞进体腔内，使鸡体呈琵琶形，丰满美观。

（4）卤煮　在鸡下锅以前，将老汤烧沸，兑入适量清水。然后按鸡龄大小，分层下锅排好，要求老鸡在下，仔鸡在上。最下面贴锅底那层鸡，鸡的胸脯朝上放，而最上面一层鸡，则要求鸡胸脯朝下放，以免煮时脱肉。

鸡下锅后，按比例放入调料，旺火烧沸，撇去浮沫，用箅子把鸡压好，放入陈年老酱。再改小火慢慢焖煮，其间要转锅以使火候均匀，煮至软烂而不散即可。如果颜色尚浅，需再加老酱。煮鸡时间依鸡的大小、鸡龄而定。仔鸡约煮1h。10个月以上鸡煮1.5h，隔年鸡煮2h以上。一般多1年鸡龄增加1h，对多年老鸡须先用白汤煮，半熟后再放调料、兑老汤卤煮。用专门工具捞出煮熟的鸡，熟鸡出锅后，趁热用手沾着鸡汤轻压鸡胸，使之平整而丰满。整理晾凉后即为成品，可包装出售。

卤煮后的鸡汤为老汤，可留作下次用。下次使用时可再加料、添水。每次使用后都要进行清汤（过滤、除去残渣）。如在夏季，隔天不用，要加热煮沸，以防变质。卤煮鸡的主要调味料——陈年老酱，以河北保定所产为上品。

（五）广州卤鸡

1. 工艺流程

选料→宰剖→卤制→成品

2. 配方（按 100 只白条鸡计，单位：kg）

清水	50.0	桂皮	0.25
陈皮	0.30	八角	0.25
甘草	0.30	草果	0.25
白糖	1.10	丁香	0.025
食盐	1.05	生抽酱油	2.20
花椒	0.25		

将上述辅料放纱布包内，放清水锅内煮 1h 即为卤水。

3. 加工工艺

（1）选料：选择健康无病的活鸡为主料，以当年仔鸡为佳。

（2）宰剖：将活鸡宰杀，放净血，入热水内浸烫，褪净毛，开膛取出内脏，冲洗干净后，将鸡小腿插入鸡腹内。

（3）卤制：将卤水烧制微沸，把白条鸡放入卤水内浸烫，每隔 10min 倒出鸡腹内卤水，直至鸡熟为止即为成品。视腿肉松软，用铁钎扎无血水冒出即可。

（六）沟帮子熏鸡

沟帮子熏鸡是辽宁北镇县（现北宁市）沟帮一带传统名产，以其历史悠久，制作独特，味道鲜美而驰名。沟帮子熏鸡始创于清光绪二十五年（公元 1899 年）。当年安徽熏鸡商户刘世忠，在东北沟帮子制作熏鸡。经过研究，他在煮鸡的老汤中添加了具有开胃健脾、帮助消化的肉桂、白芷、陈皮、砂仁等十几味中草药，开发出了独具特色的沟帮子熏鸡。传统沟帮子熏鸡制作过程精细，有十六道工序，包括选活鸡、检疫、宰杀、整形、煮沸、熏烤等。在煮沸配料上更是非常讲究，除采用老原汤加添二十多种调料外，还坚持使用传统的白糖熏烤，同时必须做到三准：一是投盐要准，咸淡适宜；二是火候要准，人不离锅；三是投料要准，保持鲜香。

1. 工艺流程

选料、宰杀、整形 → 烧煮 → 熏制 → 成品

2. 配方（按 400 只鸡计，单位：kg）

砂仁	0.05	鲜姜	0.25
肉蔻	0.05	花椒	0.15
丁香	0.15	豆蔻	0.05
肉桂	0.15	香油	1.00
山柰	0.05	八角	0.15
白糖	2.00	香辣粉	0.05
草果	0.10	胡椒粉	0.05
桂皮	0.15	五香粉	0.05
白芷	0.15	食盐	10.0
陈皮	0.15	味精	0.20

注：老汤适量。如无老汤，除了食盐外各种调料用量加倍。

3. 加工工艺

（1）选料、宰杀、整形　选用当年健康公鸡，用三管切断法宰杀放血，热水浸烫褪毛，并用酒精灯烧去小毛；腹下开膛取出内脏，用清水浸泡 1～2h，待鸡体发白后取出，用棍打鸡腿，用剪刀将膛内胸骨两侧软骨剪断；然后把鸡腿盘入腹腔，把头压在左翅下。盘鸡整形方法大致和烧鸡相同。

（2）烧煮　把鸡按顺序摆好放入锅内。用另一锅把老汤烧开，放入配料浸泡 1h；然后过滤，将滤液倒入放鸡的锅中，汤水以浸没鸡体为度。用火烧煮。火力要适当，火小肉不酥，火大皮易裂，鸡体易走形。一般嫩鸡 1h 可煮好，老鸡需煮 2h 左右。半熟时加

盐，用盐量应根据季节和当地消费者的口味定，煮至肉烂而连丝时搭勾出锅。

(3) 熏制 出锅后趁热熏制。将煮好的鸡体先刷一层香油，并趁热涂以白糖液，再放入带有网帘的锅内，待锅烧至微红时，投入白糖，将锅盖严 2min 后，将鸡翻动再盖严，等 2～3min 后，鸡皮呈红黄色即成熏鸡。

(七) 河北大城家常卤鸡

1. 工艺流程

宰杀褪毛 → 整形 → 煮制 → 成品

2. 配方（按 100 只鸡计，单位：kg）

食盐	4.00	花椒	0.10
酱油	3.00	香油	适量
八角	0.10	白糖	2.00
鲜姜	1.00	桂皮	0.10

3. 加工工艺

(1) 宰杀煺毛 左手紧握活鸡双翅，小拇指钩住鸡的右腿。拇指和食指捏住鸡的双眼，以便宰杀，放净血后，投入 60℃左右热水中烫毛，用木棍不停翻动。约烫半分钟，将鸡捞出，放进冷水里，趁温迅速拔毛（应顺着羽毛生长的方向拔，不可逆拔，以免拔破皮肉）。将除净毛的鸡放在案板上，用刀在鸡的右侧颈根处割一小口，取出嗉囊，在鸡腹部靠近肛门处横割一小口（除掉肛门），伸进两指掏出内脏，避免抠碎鸡肝及苦胆。将掏净内脏的鸡，放进清水中刷洗干净，重点清洗腹内、嗉囊、肛门等处。

(2) 整形 将洗干净的鸡只放在案板上，横向剪去鸡胸骨的尖端，然后，从剪断处将剪刀插进鸡胸腔内，剪断鸡的胸骨，用力一压，将鸡胸脯压扁平。把鸡的右翅，从脖子刀口处插入，经过口腔，从嘴里穿出来，双翅都别在背后，用刀背砸断鸡的大腿，将鸡爪塞进腹腔里，两腿骨节交叉。腹内的鸡爪把胸脯撑起，使鸡体肥大，肌肉丰满，形态美观。

(3) 煮制 将整好型的鸡放进烧开的卤汤里，同时加入食盐、酱油、白糖、鲜姜、花椒、八角、桂皮等佐料。从锅再次沸腾时计算时间，煮3h捞出来（用手按鸡大腿肉，感觉松软则透熟，坚硬则再煮一会儿）。将煮熟的鸡捞出，用小毛刷蘸香油抹匀鸡身，涂过油后即为成品。

（八）广州卤鸭

1. 工艺流程

宰杀褪毛→去内脏→煮制→成品

2. 配方（按100只鸭计，单位：kg）

白糖	2.00	八角	0.50
食盐	2.00	草果	0.50
陈皮	0.50	酱油	4.00
甘草	0.50	丁香	0.10
花椒	0.50	桂皮	0.50

3. 加工工艺

（1）宰杀褪毛　把活鸭宰杀放血后，放进64℃左右的热水里均匀烫毛。烫半分钟左右，用手试拔，如能轻轻拔下毛来，说明已经烫好，随即捞出，投入凉水里趁温迅速拔毛。

（2）取内脏　将白条鸭放在案板上，用刀在右翅底下剖开1个口，取出内脏和嗉囊，用清水洗刷，重点洗肛门、体腔、嗉囊等处。然后将鸭双腿弯曲上背部，悬挂晾干。

（3）煮制　将铁锅洗净烧热，注油，油沸时将整理好的净膛鸭放入，并用锅铲翻移鸭身，将鸭全身炸至黄色，然后放进烧开的汤锅里（以能浸过鸭身为标准），同时加入食盐、陈皮、甘草、花椒、八角、桂皮、草果、白糖、酱油、丁香等佐料，煮10min捞出，倒尽腹内汤水，再放入汤锅里煮。反复数次，约30min后各调料已出味，直至鸭大腿肉变得松软时即熟。

（九）普集烧鸡

“普集烧鸡”是陕西的传统名产，为西安与宝鸡之间的小镇——武功县普集镇生产，由王长善创始，已有60多年的历史。

1. 加工工艺

普集烧鸡制作要求严格，一般选用当年生长，重量在1.5kg以下未发啼的小公鸡与未产蛋的母鸡，经宰杀、去毛、除内脏、洗净、煮制、油炸、抹蜜等20余道工序完成。加工用上等香料及秦巴山区所产10余种名贵中药材，配方严谨，吸收扒鸡、香酥鸡的制法，形成独特风格。所用卤汤，俗称老汤。虽值酷暑，但能凝为半透明胶状物，置于手中不溶散，春、夏、秋3季不发霉变味，用之加工其他食品，其味绝佳，为难得的原汁调味剂。

二、卤猪肉制品

（一）广州卤猪肉

广州卤猪肉是广州人民喜爱的肉制品，其原料选择较随意，产品色、香、味、形俱全，常年可以制作。

1. 工艺流程

原料选择与整理→预煮→配卤汁→卤制→成品

2. 配方（按猪肉100kg计，单位：kg）

老抽	20.0	草果	1.00
冰糖	18.0	食盐	2.00
绍酒	10.0	花椒	0.50
甘草	1.00	丁香	0.50
桂皮	1.00	山柰	0.50
八角	1.00		

3. 加工工艺

（1）原料选择与整理　选用经兽医卫生检验合格的猪肋部或前后腿或头部带皮鲜肉，但肥膘不超过2cm。先将皮面修整干净并剔除骨头，之后将猪肉切成长方块，每块重为300～500g，长27cm、宽3.3cm或6.7cm。

（2）预煮　把整理好的肉块投入沸水锅内焯15min左右，撇净血污，捞出锅后用清水洗干净。

（3）配制卤汁　将上述香辛料用白纱布包好放入锅内，加清水100kg，小火煮沸1h即配成卤汁。包好的原料还可以留下次再煮，煮成的卤水可以连续使用，每次煮完后，除去杂质泡沫，撇去浮油，剩下的净卤水再加入食盐煮沸后，即可将卤水盛入瓦缸中保存（称卤水缸）。下次卤制时，可以将卤水倒入锅内，并放入上回的辅料再煮，辅料包若已翻煮多次，应投放新辅料包，以保持卤水的质量。卤汁越陈，制品的香味愈佳。

（4）卤制　把经过焯水的肉块放入装有香料袋的卤汁中卤制，旺火烧开后改用中火煮制 40～60min。煮制过程需翻锅 2～3 次，翻锅时需叉住瘦肉部位，以保持皮面整洁，不出油，趁热出锅晾凉即为成品。

（二）长春轩卤肉

长春轩卤肉的创始人张金生，1925 年于南阳开办“长春轩卤肉馆”。在博采众家之长的思想指导下，他精心研制出具有南北风味而又不失南阳地方风格的名贵佳品——长春轩卤肉。长春轩卤肉以其独特风味驰名豫、鄂、川、陕，成为南阳名吃。

1. 工艺流程

选料、制坯→卤煮→涂油→成品

2. 配方（按猪肉 100kg 计，单位：kg）

食盐	4.00	草果	0.20
白冰糖	3.00	八角	0.40
小磨香油	0.20	砂仁	0.10
绍酒	适量	丁香	0.10
花椒	0.20	陈皮	0.50
豆蔻	0.20	良姜	0.20

3. 加工工艺

（1）选料、制坯　选用鲜猪肉，切成重 500g 的块，放入清水中，除去血水，4h 后捞出刮皮，用镊子除去余毛，成肉坯。

（2）卤煮　辅料中的香辛料装纱布袋，扎好口，放入烧沸的老汤中，略煮 5min，下入肉坯，煮半小时后加入食盐、绍酒等，再以文火炖之，每隔几分钟翻动一次，待肉坯七成熟时，下冰糖，再煮至熟。

(3) 涂油　肉坯煮熟，捞出，皮朝上晾凉，将小磨香油涂于皮上。凉透，即为成品。

（三）东坡肉

相传为北宋诗人苏东坡所创制，流行于江浙。苏东坡在烹饪方面颇具心得，曾作诗《食猪肉》介绍他的烹调经验：“慢著火，少著水，火候足时它自美”。用他发明的烧肉方法所制作的产品被后人命名为“东坡肉”，现在成为杭州一道传统名菜。楼外楼菜馆效法他的方法烹制这个菜，供应于世，并在实践中不断改进，遂流传至今。

1. 工艺流程

整理原料→焖煮→蒸制→成品

2. 配方（按 100kg 猪五花肋条肉计，单位：kg）

绍酒	16.7	葱结	3.40
酱油	10	白糖	6.70
姜块(拍松)	3.40		

3. 加工工艺

(1) 整理原料　以金华“两头乌”猪肉为佳。将猪五花肋条肉刮洗干净，切成正方形的肉块，放在沸水锅内煮 3～5min，煮出血水。

(2) 焖煮　取大砂锅一只，用竹箅子垫底，先铺上葱，放入姜块（去皮拍松），再将猪肉皮面朝下整齐地排在上面，加入白糖、酱油、绍酒，最后加入葱结，盖上锅盖，用桃化纸围封砂锅边缝，置旺火上，烧开后加盖密封，用微火焖酥 2h 后，将砂锅端离火口，撇去油。

(3) 蒸制　将肉皮面朝上装入特制的小陶罐中，加盖置于蒸笼内，用旺火蒸 30min 至肉酥透即成。

（四）北京南府苏造肉

“苏造肉”是清代宫廷中的传统菜品。传说创始人姓苏，故名。起初原在东华门摆摊售卖，后被召入升平署作厨，故又名南府苏造肉。

1. 工艺流程

原料处理 → 煮制 → 卤制 → 成品

2. 配方（按猪腿肉 100kg 计，单位：kg）

猪内脏	100	醋	4.00
老卤	300	食盐	2.00
明矾	0.20	苏造肉专用汤	200

3. 加工工艺

（1）原料处理　将猪肉洗净，切成 13cm 方块；将猪内脏分别用明矾、盐、醋揉擦并处理洁净。

（2）煮制　将猪肉和猪内脏放入锅内，加足清水，先用大火烧开，再转小火煮到六七成熟（肺、肚要多煮些时间），捞出，倒出汤。

（3）卤制　换入老卤，放入猪肉和内脏，上扣箆垫，箆垫上压重物，继续煮到全部上色，捞出腿肉，切成大片（内脏不切）。在另一锅内放上箆垫，箆垫上铺一层猪骨头，倒上苏造肉专用汤（要没过物料大半），用大火烧开后，即转小火，同时放入猪肉片和内脏继续煨，煨好后，不要离锅，随吃随取，切片盛盘即成。

（4）老卤制法　以用水 10kg 为标准，加酱油 0.5kg、盐 150g、葱姜蒜各 15g、花椒 10g、八角 10g 烧沸滚，撇清浮沫，凉后倒入瓷罐贮存，不可动摇。每用一次后，可适当加些清水、酱油、盐煮沸后再用，即称老卤。

（5）苏造肉专用汤制法　按冬季使用计，以用水 5kg 为标准，先将水烧开，加酱油 250g、盐 100g 再烧开，即用丁香 10g、肉桂 30g（春、夏、秋为 20g）、甘草 30g（春、夏、秋为 35g）、砂仁 5g、桂皮 45g（春、夏、秋为 40g）、肉果 5g、蔻仁 20g、广皮 30g（春、夏、秋为 10g）、肉桂 5g，用布包好扎紧，放入开水内煮出味即成。每使用一次后，要适当加入一些新汤和香辛料。

（五）开封卤猪头

卤猪头肉是一种大众化熟肉制品，历史悠久，由于物美价廉，风味独特，深受人们欢迎，全国各地皆有制作，制作方法大同小异，现以河南开封的卤猪头肉为例，介绍其加工方法。

1. 工艺流程

选料与处理 → 煮制 → 成品

2. 配方（按猪头肉 100kg 计，单位：kg）

食盐	3.00	肉桂	0.30
酱油	4.00	草果	0.24
花椒	0.20	生姜	1.50
荜拨	0.16	鲜姜	0.20
山柰	0.16	料酒	2.00
丁香	0.06	八角	0.40
白芷	0.06		

3. 加工工艺

（1）选料与处理　选用符合卫生检验要求的新鲜猪头作加工原料，把猪头彻底刮净猪头表面、脸沟、耳根等处的毛污和泥垢，拔净余毛和毛根。将猪面部朝下放在砧板上，从后脑中间劈开，挖取猪脑，剔去头骨，割下两耳，去掉眼圈、鼻子；取出口条，用清水浸泡 1h，捞出，洗净，沥去水分。

（2）煮制　将洗净的猪头肉、口条、耳朵放入开水锅中焯水 15min，捞出，沥干，放入老卤汤锅内，加上其他调味料和香辛料，加水漫过猪头，大火烧开文火煨 2h 左右，捞出，出锅的猪头，趁热拆出骨头，整形后即为成品。

（六）北京卤猪头方

1. 工艺流程

原料处理 → 腌制 → 卤制 → 拆骨分段 → 装模 → 冷却定型

2. 配方（按 100kg 猪头计，单位：kg）

腌制盐水配方（单位：kg）

水	100	花椒	0.30
盐	15.0	硝酸钠	0.10

卤汁配方（按 100kg 猪头计，单位：kg）

盐	1.00	八角	0.20
花椒	0.20	生姜	0.50
味精	0.20	白酒	0.50

3. 加工工艺

（1）原料处理　拔净猪头余毛并挖净耳孔，割去淋巴，清洗后再用喷灯烧尽细毛、绒毛。然后将猪头对劈为两半，取出猪脑，挖去鼻内污物，用清水洗净。

（2）腌制　先将花椒装入料袋放入水内煮开后加入全部食盐，待食盐全部溶化并再次煮开后倒入腌制池（缸）中，待冷却至室温时加入硝酸钠，搅匀，即为腌制液。将处理好的猪头放入池中，并在上面加箅子压住，使猪头不露出水面。这样腌制 3～4d 即可。

（3）卤制　将腌好的猪头放入锅中，按配方称好配料，花椒、八角、生姜装入布袋中和猪头一起下锅，加水至淹没猪头，煮开后保持 90min 左右，煮至汁收汤浓即可出锅。白酒在出锅前半小时加入，味精则在出锅前 5min 加入。

（4）拆骨分段　猪头煮熟后趁热取出头骨及小碎骨，摘除眼球，然后将猪头肉切成三段：齐耳根切一刀，将两耳切下，齐下颌切一刀，将鼻尖切下，中段为主料。

（5）装模　先将洗净煮沸消毒的铝制或不锈钢方模底及四壁垫上一层煮沸消毒过的白垫布，然后放入食品塑料袋，口朝上。先放一块中段，皮朝底，肉朝上；再将猪耳纵切为 3～4 根长条连同鼻尖及小碎肉放于中间；上面再盖一块中段，皮朝上，肉朝下。将袋口叠平摺好，再将方模盖压紧扣牢即可。

（6）冷却定型　装好模的猪头肉应立即送入 0～3℃的冷库内。经冷却 12h，即可将猪头方肉（方腿）从模中取出进行贮藏或销售。在 2～3℃条件下，可贮藏 1 周左右。

（七）邵阳卤下水

邵阳卤下水是湖南邵阳市生产的一种卤肉制品，它的品种包括猪头、猪尾及内脏。制作特点是多品种综合卤制。由于品种多，物美价廉，备受欢迎，久销不衰。

1. 工艺流程

选料与处理 → 卤制 → 成品

2. 配方（按原料 100kg 计，单位：kg）

食盐	2.50(新卤 4.00)	桂子	0.05
酱油	2.00	小茴香	0.05
白糖	2.00	八角	0.20
糖色	0.60	甘草	0.20
白酒	2.00	肉豆蔻	0.10
山柰	0.10	桂皮	0.20
丁香	0.30	陈皮	0.10

3. 加工工艺

（1）原料肉的选择与处理　将猪头、猪尾、猪蹄去毛去血污，先放在水温 75～80℃的热水中烫毛，把毛刮去。刮不掉的用镊子拔一两次，剩下的绒毛用酒精喷灯喷火燎毛，再用刀修净。猪头劈半去骨；猪蹄从蹄叉分切两面三刀段，每半块再切成两面段；尾巴不切。放入开水锅煮 20min，捞出放到清水中浸泡洗涤。

猪舌，从舌根部切断，洗去血污，放到 70～80℃温开水中浸烫 20min，烫至舌头上表皮能用手指甲扒掉时，捞出用刀刮去白色舌苔，洗净后用刀在舌根下缘切一刀口，利于煮时料味进去，沥干水分待卤制。

猪肚，将肚翻开洗净，撒上食盐或明矾揉搓，洗后在 80～90℃温开水中浸泡 15min，烫至猪肚转硬，内部一层白色的黏膜能用刀刮去时为止。捞出放在冷水中 10min，用刀边刮边洗，直至无臭味、不滑手时为止，沥干水分。用刀从肚底部将肚切成弯形的两大片，去掉油筋，沥去水分。

猪大肠，将猪大肠切成 40cm 长的肠段，翻肠后用盐或明矾揉擦肠壁，将污物除尽。然后用水洗净，放入沸水锅内泡 15min 捞起，浸入冷水中冷却后，再捞起沥干水分。

猪心，将猪心切开，洗去血污后，用刀在猪心外表划几条树叶状刀口，把心摊平呈蝴蝶形。洗净后放入开水锅内浸泡 15min，捞出用清水洗净，沥干水分待卤制。

猪肝，将猪肝切分为三叶，在大块肝表面上划几条树枝状刀口，用冷水洗净淤血。其他两块肝叶因较小，可横切成块或片。洗净的肝放入沸水中煮 10min，至肝表面变硬，内部呈鲜橘色时，捞出放在冷水中，冲洗去刀口上的血渍。

猪腰（肾），整理方法与猪肝相同，值得注意的是，必须把输尿管及油筋去净，否则会有尿臊气。

沙肝（脾），整理方法同猪肝。

猪喉头骨（气管），是一种软脆骨，切开喉管一边，洗去污物，用刀砍数刀，但不要砍断，放入 80～90℃温开水里烫 5min，然后洗净。

（2）卤制　先将小茴香、桂皮、丁香、甘草、陈皮、花椒、八角等盛入布袋（可连续用 3～4 次）内，并与酱油、葱、姜、酱油、白糖、酒、食盐等一起放入锅内，再放入下水，加清水淹没原料。如用老卤代替清水，食盐只需加 1.25kg。将不同品种分批下到卤汤锅中，用旺火煮烧至沸后改用小火使其保持微沸状态。先下猪蹄，煮 30min 后下猪头，再煮 20min 后下猪舌，猪尾，煮 40min 后下猪心、猪肚、肝、腰、大肠、沙肝、喉骨等。煮至猪肝全部熟透，猪头肉能插入筷子，猪脚骨突出外透，吃起来骨肉易分离时，在出锅前 15min 加入味精，出锅即为成品。出锅后，按品种平放在熟肉案上，不能堆垛。下水出锅后即涂上麻油使之色添光亮。

（八）广州卤猪肝

1. 工艺流程

原料整理→预煮→卤制→成品

2. 配方（按 100kg 猪肝计，单位：kg）

食盐	5.00	葱段	1.00
料酒	1.00	酱油	2.50
味精	0.75	姜片	3.50

香料包 1 个（内装花椒、八角、丁香、小茴香、桂皮、陈皮、草果各适量）。

3. 加工工艺

(1) 原料整理和预煮　将猪肝按叶片切开，反复用清水冲洗干净。放入烧沸的清水中，加入葱、姜，放入猪肝煮约3min，捞出。

(2) 卤制　锅内放入清水，加入食盐、味精、料酒、酱油、香料包，大火烧沸5min，离火，放入猪肝焐至断生（切开不见血水），冷却，浸泡，食用时切片装盘即可。

（九）武汉卤猪肝

1. 工艺流程

选料与处理→预煮→卤制→成品

2. 配方（按猪肝100kg计，单位：kg）

盐粒	4.00	小茴香	0.40
白糖	2.00	桂皮	0.60
红曲米	1.00	味精	0.20
黄酒	2.00		

3. 加工工艺

选用新鲜的猪肝，撕掉胆囊，割去硬筋，用清水将猪肝洗干净，放进沸水锅内文火预煮20min，然后放入装有料袋的老汤锅内，微火煮30min，出锅即为成品。

（十）开封卤猪肺

1. 配方（按100kg猪肺计，单位：kg）

大盐	2.50	小茴香	0.034
花椒	0.034	良姜	0.034
桂皮	0.034	丁香	0.70
八角	0.034	糖色	0.04
草蔻	0.034	酱油	2.00

2. 加工工艺

(1) 原料整理　将猪肺用清水洗干净，去血污，使肺白净，剪去淤血异物，捅开小管，放入开水锅氽一遍。使肺变色捞出，去掉肺管内膜白皮，用清水冲洗干净。

(2) 煮制　投入沸腾的老汤锅内，加辅料，压锅滗卤，40min翻一次锅，文火煮沸1h，待熟后捞出晾凉即可。

卤猪肚工艺流程、配方和加工工艺同上。

(十一) 北京卤枚肉

1. 配方（以100kg猪瘦肉计，卤汤配制按100kg计，单位：kg）

食盐	2.50	陈皮	0.80
酱油	3.00	八角	0.50
白糖	2.40	桂皮	0.50
甘草	0.80	丁香	0.10
花椒	0.50	草果	0.50

2. 加工工艺

选用合格的无筋猪瘦肉，修整干净，将瘦肉切成长度为24cm，厚度为0.8cm，重量约在250g左右的块状。先用开水煮20min，取出洗干净。将辅料放料袋内煮沸1h制成卤汤。然后将预煮过的肉放入卤汤内煮40min，捞出晾凉后外面擦香油即为成品。

(十二) 北京卤猪耳

1. 配方（按100kg猪耳计，单位：kg）

食盐	2.25	花椒	0.15
白糖	1.00	白酒	1.00
八角	0.25	红曲粉	适量
丁香	0.075	陈皮	0.05
桂皮	0.015	小茴香	0.075

2. 加工方法

北京卤猪耳的操作要点与邵阳卤下水的操作要点相同。

(十三) 卤猪心

猪心可提供较多的维生素B_1、维生素B_2、烟酸、锌、硒。硒是心脏谷胱甘肽过氧化物酶的重要成分，对维持心肌功能至关重要。本品有养心、补心的功效。

1. 工艺流程

原料整理 → 卤制 → 成品

2. 配方（按猪心 100kg 计，单位：kg）

食盐	1.25	花椒	0.15
酱油	2.50	桂皮	0.15
料酒	1.50	砂仁	0.15
葱段	1.50	八角	0.15
姜片	0.75	小茴香	0.10
胡椒	0.15	丁香	0.10

3. 加工工艺

（1）原料整理　原料要选择新鲜猪心，用刀截去心边，劈成两半，抠去淤血，反复冲净心室中血水；洗净后顺刀切成 3mm 厚的片，放入水锅内，加热烧沸烫透捞出，控净水。

（2）卤制　锅内放入清水，加入全部调味料和香辛料包，烧沸后煮 10min，再把猪心放入卤汤内煮制入味后即成。卤制时间不宜过长。食用时切片装盘。

（十四）卤猪肘

1. 配方（按 100kg 猪肘计，单位：kg）

食盐	2.00	葱段	0.60
味精	0.80	猪肉老卤	120
姜片	0.40	调料油	4.00
料酒	2.00		

2. 加工工艺

将猪肘装入盆内，加热水浸泡 20min，用刀刮净皮面，洗净沥干。从肘骨上端（大头）将肘骨剔出，肉面剞上交叉刀口。将食盐、味精、料酒、葱段、姜片、调料油装入同一碗内，调和均匀，抹在肘子肉面上，腌渍 12h。用棉线绳将猪肘包扎呈球形，放入老卤罐中，用慢火卤熟捞出，去掉绳网，刷一层香油即可。

（十五）五香烧肉

1. 工艺流程

选料→整理→上色→煮制→成品

2. 配方（按 100kg 猪肉计，单位：kg）

食盐	10.0	桂皮	0.30
酱油	15.0	山柰	0.10
花椒	0.60	小茴香	0.10
良姜	0.20	白芷	0.20
八角	0.30	草果	0.20

3. 加工工艺

选用猪瘦肉或五花肉，修整干净后，切成15cm的长方块，约重250g，中间划一刀，外面用糖稀涂抹，然后用油炸成红色，再放入汤锅内煮20min，捞出凉透即为成品。

三、卤牛肉制品

(一) 广州卤牛肉

1. 工艺流程

原料整理→预煮→卤制→成品

2. 配方（按100kg牛肉计，单位：kg）

食盐	1.00	草果	0.50
甘草	0.50	山柰	0.50
黄酒	6.00	丁香	0.50
小磨香油、绍酒、食用苏打等	适量	冰糖	5.00
		高粱酒	5.00
花椒	0.50	白酱油	5.00
八角	0.50	桂皮	0.50

3. 加工工艺

(1) 原料整理　选用新鲜牛肉，修去血筋、血污、淋巴等杂质，然后切成重约250g的肉块，用清水冲洗干净。

(2) 预煮　先将水煮沸后加入牛肉块，用旺火煮30min（每5kg沸水加苏打粉10g，加速牛肉煮烂）。然后将肉块捞出，用清水漂洗2次，使牛肉完全没有苏打味为止。捞出，沥干水分待卤。

(3) 卤制　用细密纱布缝一个双层袋，把固体香辛料装入纱布袋内，再用线把袋口密缝，做成香辛料袋。在锅内加清水100kg，投入香辛料袋浸泡 2h，然后用文火煮沸 1.5h，再加入冰糖、白酱油、食盐，继续煮半小时。最后加入高粱酒，待煮至散发出香味时即为卤水。将沥干水分的牛肉块移入卤水锅中，煮沸 30min 后，加入黄酒，然后停止加热，浸泡在卤水中 3h，捞出后刷上香油即为卤牛肉。

（二）郑州卤炸牛肉

1. 工艺流程

选料和整理→腌渍→卤制→油炸→成品

2. 配方（按 100kg 牛后腿肉计，单位：kg）

食盐	5.00	草果	0.10
八角	0.15	良姜	0.10
花椒	0.15	大葱	2.00
硝酸钾	0.15	生姜	1.00
香油	适量	料酒	1.00
桂皮	0.10	红曲米粉	1.00
丁香	0.05		

3. 加工工艺

（1）选料和整理　将牛后腿肉中的骨、筋剔去，切成 150～200g 的长方形肉块。

（2）腌渍　用食盐、花椒、硝酸钾把牛肉块搅拌均匀，放入缸内腌渍（冬季 5～7d；夏季 2～3d），每天翻动 1 次。待肉腌透发红后捞出洗净，控去水分。

（3）卤制　把腌透的牛肉放入开水锅内煮 30min，同时撇去锅内的浮沫，然后加入辅料（料酒到牛肉卤制八成熟时加），转文火煮到肉熟，捞出冷却。

（4）油炸　把煮熟的牛肉用红曲米水染色后，放入香油锅油炸，外表炸焦即为成品。

（三）观音堂牛肉

观音堂牛肉是河南省三门峡市的传统食品，带浓郁豫西乡土风味。

1. 工艺流程

选料与处理→卤制→成品

2. 配方（按 100kg 牛肉计，单位：kg）

食盐	6.00	生姜	0.05
陈皮	0.10	丁香	0.05
八角	0.10	大蒜	0.10
酱油	2.00	砂仁	0.05
白芷	0.05	硝酸钠	0.04
花椒	0.05	豆蔻	0.05

3. 加工工艺

（1）原料的选择与处理　选用符合卫生检验要求的鲜牛肉作为加工的原料。剔去原料肉的筋骨，切成 200g 重的肉块。在牛肉块中加入食盐、硝酸钠，搅拌搓揉，放入缸中腌制，春秋季节腌制 4～5d，夏天 2～3d，冬季 7～10d，每天翻缸上下倒肉 2 次，直到牛肉腌透，里外都透红为止。

（2）卤制　腌好的牛肉放入清水中，浸泡，洗净，放入老汤锅中，加水漫过肉块，旺火烧沸，撇去浮沫，再加入装入香辛料的料包，用文火卤制 7～8h，其间每小时翻动一次。熟透出锅即为成品。

（四）广州卤牛腰

1. 工艺流程

原料整理→焯水→卤制→成品

2. 配方（按 100kg 牛肾计，单位：kg）

丁香	0.05	八角	0.50
酱油	4.40	甘草	0.60
陈皮	0.60	花椒	0.50
白糖	2.20	桂皮	0.50
食盐	2.10	草果	0.50

3. 加工工艺

（1）原料整理　选用新鲜牛肾，撕去外表的一层膜，剔除全部结缔组织，略为切开一部分，再用清水洗净。

（2）焯水　清洗好的牛肾放入100℃的开水锅中，浸烫20min，再放入清水中浸泡10min，以进一步除腥臊味，捞出沥干水分。

（3）卤制　按配方将各种原料放入锅内，其中香辛料用纱布袋装好，待汤沸后撇去浮沫，卤制40min左右后，牛肾继续浸于卤汁中晾凉即可。

食用时切片装盘，浇上少许卤汁，涂上麻油即成。

（五）五香牛肉

1. 工艺流程

原料整理→腌制→煮制→成品

2. 配方（按100kg牛肉计，单位：kg）

食盐	6.00	草果	0.10
白糖	3.00	鲜姜	1.00
硝酸钠	0.10	花椒	0.20
八角	0.20	陈皮	0.10
丁香	0.05		

3. 加工工艺

（1）原料整理　选用卫生合格的鲜牛肉，剔去骨头、筋腱，切成200g左右的肉块。

（2）腌制　切好的牛肉块加入食盐、硝酸钠，搅拌均匀，低温腌制12d，其间翻倒几次。腌好的肉块在清水中浸泡2h，再冲洗干净。

（3）煮制　洗净的肉块放入锅内，加水漫过肉块，煮沸30min，撇去汤面上的浮沫，再加入各种辅料，用文火煮制4h左右。煮制时，翻锅2～3次。出锅冷却后，即为成品。

（六）五香卤牛肉

1. 工艺流程

原料处理→腌制→卤制→成品

2. 配方（按 100kg 牛肉计，单位：kg）

食盐	10.0	小茴香	0.20
葱	5.00	丁香	0.20
姜	3.00	草果	0.20
白糖	2.00	砂仁	0.20
八角	0.20	白芷	0.20
酱油	6.00	豆蔻	0.10
甜面酱	6.00	桂皮	0.20
料酒	3.00	花椒	0.20
植物油	10.0		

注：其中花椒、小茴香、丁香、草果、砂仁焙干研成粉末。

3. 加工工艺

（1）原料处理　尽量选用优质、无病的新鲜牛肉，如系冻牛肉，则应先用清水浸泡，解冻一昼夜。卤制前将肉洗净剔除骨、皮、脂肪及筋腱等，然后按不同部位截选肉块，切割成每块重约 1kg 左右。将截选切割的肉块按肉质老嫩分别存放备用。

（2）腌制　将肉切成 350g 左右的块，用竹签扎孔，将糖、食盐、八角面掺匀撒在肉面上，逐块排放缸内，葱、姜拍烂放入，上压竹箅子，每天翻动一次。腌制 10d 后将肉取出放清水内洗净，再用清水浸泡 2h，捞出沥干水分。

（3）卤制　锅内加入植物油，待油热后将甜面酱用温水化开倒入，用勺翻炒至呈红黄色时兑入开水，加料酒和酱油。汤沸时将牛肉块放入开水锅内，开水与肉等量，用急火煮沸，并按一定比例放入辅料，先用大火烧开，改用小火焖煮，肉块与辅料下锅后隔 30min 翻动 1 次，煮 2h 左右待肉块煮烂，肉呈棕红色和有特殊香味时捞放在箅子上，晾冷后便为成品。

（七）炸卤牛肉

1. 工艺流程

原料整理和腌制→制卤汁→油炸和卤制→成品

2. 配方（按 100kg 牛肉计，单位：kg）

陈皮	1.20	酱油	7.50
八角	0.80	食盐	1.30
小茴香	0.80	大葱	1.50
草果	0.33	黄酒	1.20
姜	0.50	白砂糖	1.00
花生油	15.0	味精	0.20

3. 加工工艺

（1）原料整理和腌制　将嫩黄牛肉剔去筋瓣，洗净；把牛肉切成 1cm 厚的大片，将其肌肉纤维拍松。然后在肉面一侧剞上刀纹（长为牛肉片的 2/3），加入酱油 2.5kg，食盐 0.5kg 拌匀，腌渍 3h，使其入味。

（2）制卤汁　把陈皮、八角、小茴香、草果洗净，装入纱布袋中扎紧口，放入清水锅中，加入酱油、白糖、食盐、绍酒、葱段（打结）、姜块（拍松），烧沸约 20min，再加入味精制成卤汁。

（3）油炸和卤制　炒锅置旺火上，倒入花生油烧至 200℃时，投入牛肉片，炸至八成熟时捞出，放入制好的卤汁中，浸卤至肉烂入味。牛肉片经油炸后再卤制，鲜香可口，饱含卤汁且滋味醇厚。冷却后改刀装盘即可供食用。

（八）五香牛肉生产新工艺

传统的五香牛肉制作方法煮制时间长，耗能多，出品率低，本工艺采用盐水注射、滚揉和低温煮制技术，使产品肉质鲜嫩，并且大大提高了出品率。

1. 工艺流程

选料与处理→盐水注射→真空滚揉→切块→煮制→包装→成品

2. 配方（以 100kg 牛肉计，单位：kg）

腌制剂配方：

大排骨	40.0	白酒	0.20
食盐	2.40	味精	0.20
白糖	0.80	八角	0.04
葡萄糖	0.40	花椒	0.04
焦磷酸钠	0.18	丁香	0.02
三聚磷酸钠	0.18	小茴香	0.06
六偏磷酸钠	0.10	草果	0.02
大豆蛋白粉	0.12	桂皮	0.02
亚硝酸钠	0.01		

煮制配料：

八角	0.08	豆蔻	0.06
花椒	0.09	草果	0.06
丁香	0.02	葱	1.20
桂皮	0.06	姜	0.40
小茴香	0.12	味精	0.40
白酒	200mL		

3. 加工工艺

（1）选料与整理　选择经兽医卫生检验合格的牛肉，刮净皮上残毛，剔除筋腱、污物，洗涤干净，沥干水分，切成 1kg 的小块备用。切块尽可能大小一致。

（2）腌制液配制　首先将大排骨放入水中煮开，文火熬制 1h 后放入香辛料，再熬制 1h，其间不断撇去浮油，用纱布过滤肉汤，待温度降至常温后，按配方把食盐、糖、磷酸盐（事先用少量水加热溶化）、抗坏血酸钠、亚硝酸钠、白酒、味精等加入，并不断搅拌均匀，配成腌制混合液。

（3）盐水注射　用盐水注射机进行注射。注射腌制液量占肉重的 20%，注射时针头缓慢移动，盐水要均匀地注射到肌肉组织中，严格控制注射量，未注射进的盐水一起倒入滚揉机中滚揉。

（4）真空滚揉　滚揉在真空滚揉机中进行，滚揉机放在 0～

4℃的冷库中，间断滚揉8～10h，正转20min，反转20min，再停止30min。

(5) 煮制　煮制用水与肉的比例为1∶1，有老汤为好。如第一次煮肉，需首先熬制酱汤，即用大排骨、鸡架、鲜猪皮、加配料中的双倍香辛料熬制，并加入酱色。酱汤烧开后，放入滚揉好的肉块，大火烧开，保持20min，期间不断撇去浮沫，改为小火焖煮1h，温度保持在85～90℃；当用筷子通过肉皮插入肉块时，能顺利插动，即可出锅。

附：酱色的制法

将麻油入锅，加入白糖，用火熬制，并不断炒动，待锅中起青烟时，移开火，喷入开水即成。

(九) 盐水牛肉生产新工艺

1. 工艺流程

原料整理→盐水制备→盐水注射→滚揉→腌制→煮制→冷却包装→成品

2. 配方 (按100kg牛肉计，单位：kg)

白糖	7.50	维生素C	0.04
食盐	5.00	亚硝酸钠	0.01
磷酸盐	1.50	丁香	0.025
味精	0.20	香叶	0.05
葡萄糖	0.40	卡拉胶	0.40
大豆蛋白	4.00	辣椒粉	0.50
料酒	2.00	冰水	30.0
胡椒面	0.15		

3. 加工工艺

(1) 原料整理　将冻肉摊放在解冻间自然解冻。肉块解冻软化后将碎油、筋膜、杂物、脏污去净后，修割成1kg左右的肉块。然后放入容器内，避免彼此堆叠挤压，放入预冷间内冷却。

（2）盐水制备　胡椒面先用水稀释后加入，冷却后备用。将卡拉胶置入小盆内，并倒入500mL料酒，稍加搅拌即溶入酒液中，胀发后再加同量料酒稀释，备用。用制作五香牛肉经澄清后的预煮汤水，汤汁称重后分别溶入调味料及部分添加剂，为加速溶解可边加边搅。然后将溶解后的卡拉胶和胡椒面水倒入已经冷却的汤汁内，继续搅拌使其混合均匀。

（3）盐水注射　将配制好的盐水置入盐水注射机内进行盐水注射，肉块经注射后需放入浅盘内，不得堆叠、挤压，避免盐水外逸。

（4）滚揉　将注射后的肉料与剩余盐水，放入滚揉机内进行滚揉，滚揉机的转速为8r/min，滚揉40min，静止20min，间歇滚揉8h。

（5）腌制　滚揉后将肉块留在滚揉机内，在原液中继续腌制16h，待肉块呈均匀的玫瑰红色，添入的大豆蛋白粉包裹在外面，肉块间互相粘连在一起，手感松弛而滑润，即可出机煮制。

（6）煮制　煮锅内放入一半清水，放入辅料袋加热，待水温至90℃时持续30min，将腌制后的肉块放入锅内，将锅盖盖严，使汤温保持在80℃左右。1h后将锅盖打开，撇净浮在汤面上的油及沫子。2h后，继续撇净浮沫并用铲刀铲动锅底的肉块，3h时肉块开始浮出水面，倒入味精，再过20min肉块全部浮出水面，将其捞入容器内进行冷却。

（7）冷却包装　将肉块摊凉在冷却案子上，待肉温下降至20℃后称量包装，每袋根据需要的重量，装入复合膜袋内，抽真空后即可。

四、卤驴肉制品

（一）洛阳卤驴肉

洛阳卤驴肉又称洛阳“高家驴肉”，已有200多年的历史，是洛阳著名的风味特产。

1. 工艺流程

选料和处理 → 卤制 → 成品

2. 配方（按 100kg 驴肉计，单位：kg）

花椒	0.20	白芷	0.10
良姜	0.20	荜拨	0.10
八角	0.10	老汤	适量
食盐	6.00	桂子	0.05
硝酸钾	0.05	丁香	0.05
小茴香	0.10	陈皮	0.10
草果	0.10	肉桂	0.10

3. 加工工艺

（1）选料和处理　选择新鲜剔骨驴肉，将其切成 2kg 左右的肉块，放入清水中浸泡 13～24h（夏季时间要短些，冬季时间可长些）。浸泡过程中要翻搅，换水 3～6 次，以去血去腥，然后捞出晾至肉块无水即可。

（2）卤制　在老汤中加入清水烧沸，撇去浮沫，将肉坯下锅，煮沸再撇去浮沫，即可将辅料下锅，用大火煮 2h 后，改用小火再煮 4h，卤熟后，撇去锅内浮油，捞出肉块凉透即为成品。

（二）河北晋县咸驴肉

晋县咸驴肉是河北省晋县的传统名食，相传已有 1000 多年的历史。

1. 工艺流程

选料与处理 → 卤制 → 成品

2. 配方（按 100kg 驴肉计，单位：kg）

食盐	15.0	白芷	0.50
山柰	0.40	八角	0.40
桂皮	1.00	花椒	0.40
大葱	2.00	鲜姜	1.00
小茴香	0.20	亚硝酸钠	0.015

3. 加工工艺

(1) 选料与处理　选用符合卫生要求的鲜嫩肥驴肉作为加工原料，用清水浸泡 1h 左右，洗涤干净，捞出沥去水分，切成 200～300g 的肉块。

(2) 卤制　将驴肉块放入锅中，加清水淹没，撇去浮沫，加辅料包，用旺火烧开 40min，加入亚硝酸钠，将其溶解到汤中，翻锅一次。用铁箅子压在肉上，用小火煮 30min，停火，撇去浮油，再焖煮 6～8h 至肉熟透出锅，即为成品。

(三) 河南周口五香驴肉

1. 工艺流程

腌制→焖煮→成品

2. 配方（按 100kg 驴肉计，单位：kg）

食盐	4～10	豆蔻	0.50
花椒	0.30	硝酸钾	0.20～0.30
良姜	0.70	甘草	0.20
八角	0.50	山楂	040
丁香	0.20	陈皮	0.50
草果	0.20	肉桂	0.30

3. 加工工艺

(1) 腌制　将驴肉剔去骨、筋、膜，并分割成 1kg 左右的肉块进行腌制。夏季采用快腌，即 100kg 驴肉用食盐 10kg、硝酸钾 0.30kg、料酒 0.50kg，将肉料揉搓均匀后，放在腌肉池或缸内，每隔 10h 翻 1 次，腌制 3d 即成。春、秋、冬季主要采用慢腌，每 100kg 驴肉用食盐 4kg、硝酸钾 0.20kg、料酒 0.50kg，腌制 5～7d，每天翻肉 1 次。

(2) 焖煮　将腌制好的驴肉放在清水中浸泡 1h，洗净，捞出放在案板上沥去水分。将驴肉、辅料放进老汤锅内，用大火煮沸 2h 后改用小火焖煮 8～10h，出锅即为成品。

(四) 蓬莱卤驴肉

清咸丰七年（1857 年）由蓬莱城南门外黄开基首创，相传 3 代经营 94 年后在上海、营口、烟台等地开业，颇有名声。享有

"天上龙肉、地下驴肉、蓬莱卤驴肉、天下无敌手"之美誉。

制作工艺如下。

选用咸水下锅，待水温升到60～70℃时，将大块驴肉放到水中煮至九成熟捞出，沿横剖面切成半尺左右方块，然后另换清水，兑以适量八角、小茴香、肉桂、花椒、桂皮等17种配料，放入肉块，文火炖煮，待肉熟后加入适量食盐，再稍焖片刻即成。

五、其他卤肉制品

（一）内蒙古手扒羊肉

手扒肉是呼伦贝尔草原游牧狩猎民族千百年来的传统食品，其作法是把牛、羊肉切块，白水下锅，原汁清煮，不加调味品。手扒肉是手扒着吃，不用其他餐具。按照蒙古族习俗，吃手扒羊肉是用一条琵琶骨肉配四条长肋肉进餐，手扒牛肉则用一只脊椎骨肉配半截肋及小段肥肠敬客。

1. 工艺流程

宰杀与处理→煮制→成品

2. 配方（按100kg羊肉计，单位：kg）

食盐	0.50	酱油	6.50
葱段	2.50	花椒、味精、八角、桂皮、胡椒粉等	适量
香菜末	2.50		
醋	7.50	蒜	1.00
黄酒	0.50	辣椒油	5.00
去皮姜片	1.50	麻油	0.50

3. 加工工艺

（1）宰杀与处理　通常选用膘肥肉嫩的羔羊，先拔去胸口近腹部的羊毛，后用刀割开二寸左右的直口，将手顺口伸入胸腔内，摸着大动脉将其掐断，使羊血都流聚在胸腔和腹腔内，谓之"掏心法"。这种杀羊法优于"抹脖杀羊法"，即羊血除散在腔内一部分外，还有少部分浸在肉里，使羊肉呈粉红色，煮出来味道鲜美，易于消化，羊肉干净无损。然后剥去皮，切除头、蹄，除净内脏和腔血，切除腹部软肉。将全羊带骨制成数十块。或选用羊腰窝带骨肉，切成长约 13cm、宽 2cm 的条块，洗净。

（2）煮制　在锅中加入羊肉条块，加足水，先用大火烧开，撇去浮沫，捞出羊肉块，洗净。然后换入适量的清水，再放入洗净的羊肉、八角、花椒、桂皮、葱段、姜片、酒、盐，用大火烧开，盖上盖，转小火焖煮至肉熟烂即成。

草原牧民的做法一般是将羊肉放入不加盐和其他佐料的白水锅内，用大火保持原汁原味，适当控制火候。只要肉已变色，一般用刀割开，肉里微有血丝即捞出，装盘即可。

手抓羊肉的吃法与众不同，煮熟的大块羊肉，放在大木盘里，一手握刀，一手拿肉，用刀割、卡、挖、剔成块，蘸着由香菜末、蒜末、胡椒粉、醋、酱油、味精、麻油、辣椒油等调成的味汁吃。

（二）广西灵川狗肉

灵川地处桂林境内，素有“好狗不过灵川”之说。从古至今，灵川人以烹制狗肉佳肴与自然环境的风、湿、寒气候相抗衡，在食用方法上讲究冷热均衡，荤素协调。

1. 工艺流程

选狗→宰狗→焖煮→成品

2. 加工工艺

（1）选狗　以毛色论优劣，其顺序为一黄二白三花四黑。即黄狗肉质量最好，白狗肉次之，其余类推。年龄以一岁左右较佳。狗的重量以 10kg 左右为宜，此时狗的肌肉丰满，肉质细嫩，且以公狗为上品。

（2）宰狗　以木棒敲击狗的鼻梁使之倒地，然后放血刮毛，再用干稻草烧尽细微狗毛。燎尽洗净之后，再将狗开膛取出五脏。若五脏取得完好，一般不用冲洗腹腔，以保持肉味鲜美。砍狗肉时，要刀刀均匀、块块带皮。

（3）焖煮　锅内加入食用油烧到八成热时倒入狗肉块炒香，至水分炒干时，放入八角、陈皮、丁香、桂皮、甘草、花椒、姜块等，再调入食盐、酱油、米酒等，加清水焖煮。用柴火煮狗肉，煮出来的狗肉味透肌里，浓香一体。一般煮狗肉除用姜片、茶油、三花酒、盐外，还配放草果、八角、丁香、陈皮、桂皮、豆蔻、沙仁、甘草等十余种香辛料，香辛料以纱布包裹。

狗肉上桌前淋少许桂林腐乳汁，撒少许胡椒粉，吃起来更是丰腴爽口，鲜醇可口，满口余香，通体舒泰。

（三）江苏徐州沛公狗肉

江苏徐州沛公狗肉能安五脏、益元气、暖腰膝、补脾胃、壮气力，补五劳七伤最有效，堪称冬令滋补佳品，是一道传统古馔。

1. 工艺流程

整理狗肉、甲鱼 → 煮制 → 成品

2. 配方（按 100kg 狗肉计，单位：kg）

甲鱼	52.0	八大味	1.60
酱油	8.00	味精	0.08
绵白糖	8.00	食盐	1.20
绍酒	4.00	葱段	1.10
卤水	4.00	姜片	1.00
红曲汁	4.00		

注：八大味装入布袋里，成香料袋。

3. 加工工艺

（1）狗肉切成 3cm 见方的块。加入食盐、绍酒、葱段、姜片、卤水，拌匀，腌 2h，再用清水泡 1h，再放入沸水锅中，焯过，捞出，洗净，沥水。

（2）甲鱼经宰杀，放血，放入沸水锅中，浸烫，取出，刮去黑釉皮，取下背壳，除去内脏，留蛋。甲鱼肉切成 3cm 见方的块，放入沸水锅中，焯过，再捞入冷水中，洗净，沥水。

（3）净狗肉块放入垫有竹箅的砂锅里，加入清水，漫过狗肉块，再加绍酒、酱油、食盐、绵白糖、葱段、姜片、香料袋，砂锅置火上，烧沸，撇去浮沫，盖上盖，用文火炖至八成熟。再放入甲鱼肉块及其蛋，加盖，炖至酥烂，拣去葱、姜、香料袋，再加味精，即成。

（四）洛阳卤狗肉

洛阳卤狗肉味道鲜美、营养丰富。狗肉味甘、咸、酸，性温，具有补中益气、温肾助阳、入药疗疾之功效。

1. 工艺流程

选料与处理→焯水→煮制→成品

2. 配方（按 100kg 狗肉计，单位：kg）

食盐	5.00	桂皮	0.10
陈皮	0.10	八角	0.15
草果	0.10	花椒	0.15
丁香	0.30	生姜	0.40
小茴香	0.15	良姜	0.10
肉桂	0.30		

3. 加工工艺

（1）选料与处理　选用符合卫生要求的新鲜狗肉，切成重约 100g 的小块，放到清水中浸泡，反复清洗，去净淤血和腥味，捞出，控去水分。

（2）焯水　把洗净的狗肉放入开水锅中，用大火烧开，撇去浮沫。焯水 30min 捞出，再清洗干净。

（3）煮制　焯过水的狗肉块放入大锅中，加入全部辅料，加水漫过肉面，用旺火烧开后，再次撇去浮沫，用文火煮 2h 左右，肉熟后拆去骨头即为成品。

（五）开封五香兔肉

1. 配方（按 100kg 兔肉计，单位：kg）

食盐	4.70	豆蔻	0.04
花椒	0.07	丁香	0.03
八角	0.07	冰糖	0.20
小茴香	0.03	白糖	0.20
砂仁	0.04	猪肥膘	0.33
草果	0.07	面酱	0.13

2. 加工工艺

选用生长五个月左右的兔子，过老、过嫩、过瘦皆不入选。兔子宰杀时先剥皮取出内脏，挂阴凉通风处风干 7d。然后放凉水中浸泡洗净，并分部位剁块用开水浸烫后，冲洗干净，沥干水分。将兔肉分层摆放锅内，摆放时在中间留一圆洞，用纱布袋装入香辛料放锅内，并兑入老汤同煮。先用大火煮1h，改用文火煮1～5h。煮熟后待凉捞出，即为成品。

（六）龙眼珊瑚鹿肉

龙眼珊瑚鹿肉以鹿肉为主要原料，配以鹌鹑蛋和红萝卜，经油炸、卤煮等工序加工而成，因鹌鹑蛋形如龙眼，红萝卜珠好似珊瑚，故而得名。

1. 工艺流程

原料整理→油炸、卤煮→出锅、成品

2. 配方（单位：kg）

鹿肉	0.75	白酒	0.01
鹌鹑蛋	10个	味精	0.002
红萝卜	0.25	清油	0.30
猪肉	0.50	香油	0.002
鸡腿骨	0.50	胡椒面	0.002
姜	0.05	干辣椒	0.005
酱油	0.02	花椒	0.001
食盐	0.04	葱段	0.10
料酒	0.20	水豆粉	0.015

3. 加工工艺

（1）原料整理　选肋条鹿肉，切成4cm见方的块，用水泡洗2次。猪肉切块和鸡骨一起用开水汆，温水泡。鹌鹑蛋开水煮熟去壳，将大的一端切齐。直径2.5cm红萝卜，去皮，切成长2.5cm的段，削成算盘珠形，开水焯熟，清水泡凉，备用。

（2）油炸、卤煮　锅内油烧至六成热，放入鹿肉，稍炸捞出。先将鸡骨放在锅底，用纱布将鹿肉包成2包，放在鸡骨上，然后再放猪肉，加汤、盐、酱油、料酒、白酒、胡椒面，烧开撇尽浮沫，放入干辣椒、花椒、姜、葱，微火煮至鹿肉熟软为止。

挑出锅内干辣椒、姜、葱等，将鹿肉包解开，鹿肉摆在盘中间，鹌鹑蛋、红萝卜珠烧上味，摆在鹿肉周围，将鹿肉原汤下味精、水豆粉，收浓，加香油，浇在鹿肉上即成。鹌鹑蛋、红萝卜珠保持本色，不要浇汁。

第四节　蜜汁肉制品加工

蜜汁肉制品的烧煮时间短，往往需要油炸，其特点是产品块小、甜味较重，多以带骨制品如猪腿肉、小排、大排、软排和蹄膀为原料制成。蜜汁肉制品表面发亮，多为红色或红褐色，制品鲜香可口，蜜汁甜蜜浓稠。

一、蜜汁糖蹄

（一）上海蜜汁糖蹄

1. 工艺流程

原料选择及整理→白煮→蜜制→成品

2. 配方（以 100kg 猪蹄膀计，单位：kg）

食盐	2	白糖	3
桂皮	适量	红曲米	少量
葱	1	料酒	2
姜	2	八角	0.2

3. 加工工艺

（1）原料选择及整理　选用猪的前后蹄膀，烧去绒毛，刮去污垢，洗净待用。

（2）白煮　加清水漫过蹄膀，旺火烧沸，煮 15min 后捞出洗去血沫杂质，移入另一口锅中蜜制。

（3）蜜制　锅内先放好衬垫物（防止蹄膀与锅底粘连），放入料袋（内装葱、姜、桂皮和八角），再倒入蹄膀，然后将白汤（白汤须先在 100kg 水中加盐 2kg 烧沸）加至与蹄膀相平。用旺火烧开后，加入料酒，再煮沸，将红曲米水均匀地浇在肉上，以使肉体呈现樱桃红色为标准。然后转中火，约烧3min，加入白糖（或冰糖屑），加盖再烧30min至汤已收紧、发稠，肉八成酥，骨能抽出不粘肉时出锅。控干水放盘，抽出骨头即成为成品。

（二）老北京冰糖肘子

1. 工艺流程

原料处理→油炸→蜜制→成品

2. 配方（按100kg去骨猪蹄膀计，单位：kg）

酱油	10	淀粉	适量
蒜	1	葱	1
蜂蜜	适量	花生油	适量
料酒	10	冰糖	适量
姜	2		

3. 加工工艺

（1）原料处理　将肘子用火筷子叉起，架在火上烧至皮面发焦时，放入80℃温水中泡透，用刀刮净焦皮，见白后洗净，用刀顺骨劈开至露骨，放入汤锅中，煮至六成熟捞出，趁热用净布擦干肘皮上面的浮油，抹上蜂蜜，晾干备用。

（2）油炸　炒锅内放入花生油，用中火烧至八成热时，将猪肘放入油内，炸至微红、肉皮起皱纹或起小泡时捞出，然后用刀剔去骨头，从肉的里面划成核桃形的块（深度为肉的2/3）。

（3）蜜制　将肘子皮朝下放入容器内，然后放入碎冰糖、酱油、绍酒、清汤、葱结、姜等，上笼旺火蒸烂取出，扣在盘内，将汁滗入锅内，再加入少许清汤，用水淀粉勾芡成浓汁，加入花椒油，淋在肘子上面即成。

（三）冰糖肘子家庭制作

1. 工艺流程

原料处理→预煮→蜜制→成品

2. 配方（单位：g）

去骨猪蹄膀	500	蒜	5
葱	5	食盐	适量
冰糖	100	料酒	5
酱油	5	姜	10

3. 加工工艺

(1) 原料处理　将猪蹄膀刮洗干净，用刀在内侧软的一面剖开至刀深见大骨，再在大骨的两侧各划一刀，使其摊开，然后切去四面的肥肉成圆形。

(2) 预煮　将蹄膀放入开水锅里，煮10min左右至外皮紧缩。

(3) 蜜制　炒锅内放一只竹箅子，蹄膀皮朝下放在上面，加水淹没，再加入料酒、酱油、食盐、冰糖、葱和姜。旺火烧开，加盖后小火再烧半小时，将蹄膀翻身，烧至烂透，再改用旺火烧到汤水如胶汁。将蹄膀取出，皮朝下放入汤碗，拣去葱、姜，把卤汁浇在蹄膀上即可食用。

二、蜜汁排骨

(一) 蜜汁小肉、小排、大排、软排

1. 工艺流程

原料选择及处理→腌制→油炸→蜜制→成品

2. 配方（按100kg猪腿肉、猪小排、猪大排或猪腩排计，单位：kg）

食盐	2	味精	0.15
白糖	5	酱色	0.50～1.00
红曲米	0.20	绍酒	2
酱油	3	五香粉	0.10

3. 加工工艺

(1) 原料选择及处理　加工蜜汁小肉选用去皮去骨的猪腿肉，切成约2.5cm见方的小块；加工蜜汁小排选用去皮的猪炒排（俗称小排骨）斩成小块；加工蜜汁大排选用去皮的猪大排骨，斩成薄

片；加工蜜汁软排选用去皮的猪腩排（即方肉下端软骨部分），斩成小块。

（2）腌制　将整理好的原料放入容器内，加适量食盐、酱油、黄酒，拌和均匀，腌制约2h，捞出，沥去辅料。

（3）油炸　锅先烧热，放入油，旺火烧至油冒烟，把原料分散抖入锅内，边炸边用笊篱翻动，炸至外面发黄时，捞出沥去油分。

（4）蜜制　将油炸后的原料倒入锅内，加上白汤（一般使用老汤）和适量食盐、黄酒，宽汤烧开，约5min即捞出；然后转入另一锅紧汤烧煮，加入糖、五香粉、红曲米及酱色，翻动，烧沸至辅料溶化、卤汁转浓时，加入味精，直至筷子能戳穿时即可。锅内卤汁撇清浮油，倒入成品上即可食用。

蜜汁小肉的卤呈深酱色，俗称"黑卤"，可长期使用，夏天须隔天回炉烧开。

（二）蜜汁排骨一

1. 工艺流程

原料处理→油炸→烧煮→蜜制→成品

2. 配方（按100kg猪大排计，单位：kg）

梅子	10	花生油	10
玉米淀粉	5	白糖	20
食盐	0.2		

3. 加工工艺

（1）原料处理　将猪排骨剁成4cm长的段，加入食盐和硝水15g，待肉变红时，用水稍加冲洗，沥去水分，加入淀粉拌匀；将青梅切成1cm见方的丁备用。

（2）油炸　炒锅放旺火上，加入花生油，烧至七成热，将排骨下入炸至外层起壳时捞出。

（3）烧煮　将排骨倒入锅内，加水淹没，旺火烧开后转小火烧至六成烂时，捞出排骨，用水洗净。

（4）蜜制　将洗净的排骨放入锅内，加水烧开，再加白糖和青梅丁，烧至糖汁变稠时翻炒几下，即可出锅。

（三）蜜汁排骨二

1. 工艺流程

原料处理 → 腌制 → 油炸 → 蜜制 → 成品

2. 配方（按 100kg 猪大排计，单位：kg）

料酒	3	糖色	1
白糖	10	食盐	1
植物油	20	卤汁	50
酱油	5	味精	0.6
红曲米	8		

3. 加工工艺

将排骨洗净，斩成小块，加入料酒、食盐、酱油拌匀，进行腌制，夏天腌 3h 左右，冬天腌 1d 左右。再将植物油烧热至冒烟，放入排骨炸至表面金黄，捞出沥油。然后将油炸后的排骨倒入锅内，加入老卤、白糖、红曲米水、糖色、黄酒及酱油，烧至排骨入味时，用大火收汁，不时翻动，加入味精，即可捞出装盘。将浮油锅内撇清，余卤浇在排骨上，冷却后即可食用。

三、蜜汁叉烧

“叉烧”是从“插烧”发展而来的。插烧是将猪的里脊肉加插在烤全猪腹内，经烧烤而成。但一只猪只有两条里脊，难于满足消费者需要。于是人们便想出插烧之法。但这也只能插几条，更多一点就烧不成了。后来又改为将数条里脊肉串起来叉着来烧，久而久之插烧之名便被叉烧所替代。

插在猪腹内烧时用的是暗火，以热辐射烧烤而熟；叉着烧时是用明火直接烤熟的，但这样全瘦的里脊肉显得干枯，故后来便将里脊肉改为半肥瘦肉，并在肉表面抹糖，使其在烧烤过程中有分解出来的油脂和糖来缓解火势而不致干枯，且有甜蜜的芳香味。

1. 配方［按 100kg 猪肉（肥瘦比为 3∶7）计，单位：kg］

汾酒	3	浅色酱油	3
白糖	6.3	深色酱油	0.4
糖浆	10	豆酱	1.5
食盐	1.5		

糖浆制法：用沸水溶解麦芽糖 30 份，冷却后加醋 5 份、绍酒 10 份、淀粉 15 份搅成糊状即成。

2. 加工工艺

将猪肉去皮后切成长 36cm、宽 4cm、厚 2cm 的肉条，放入容器中，加入食盐、白糖、深色酱油、浅色酱油、豆酱、汾酒拌匀，腌制约 45min 后，用叉烧环将肉条穿成排。将肉排放入烤炉，烤时两面转动，用中火烤约 30min 至瘦肉部分滴出清油时取出，约晾 3min 后用糖浆淋匀，再放回烤炉烤约 2min 即成。

四、蜜汁火方家庭制作

"蜜汁火方"是用冰糖浸蒸的蜜汁类制品，它选用浙江特产金华火腿中质地最优的中腰峰雄片制成，再辅以武义宣平特产白莲子，缀上青梅、樱桃，色彩艳丽，食之回味无穷。

1. 工艺流程

原料处理→蒸制→蜜制→成品

2. 配方（单位：g）

带皮熟火腿肉	400	糖桂花	2
冰糖樱桃	5 颗	淀粉	15
冰糖	150	蜜饯青梅	1 颗
通心白莲	50	绍酒	75

3. 加工工艺

（1）原料处理　将通心莲放在 50℃的热水中浸泡后上蒸笼，旺火蒸酥待用。用刀刮净火腿皮上的细毛和污渍，洗净，然后将火腿肉面朝上放在砧板上，切成小方块，深度至肥膘一半，但要皮肉相连。

（2）蒸制　将火腿小方块放在容器中用清水浸没，加入绍酒25g、冰糖25g，上蒸笼用旺火蒸1h，至火腿八成熟时，滗去汤水，再加入绍酒25g，冰糖75g，用清水浸没，放入蒸熟的莲子；再上蒸笼用旺火蒸1.5min，将原汁滗入碗中，待用。将火方扣在高脚汤盘里，围上莲子，缀上樱桃、青梅。

（3）蜜制　炒锅置旺火，加冰糖25g，倒入原汁煮沸，撇去浮沫，把淀粉用清水25g调匀，勾薄芡，浇在火方和莲子上，撒上糖桂花即可。

五、冰糖肉方

1. 工艺流程

原料处理→煮制→复煮→蜜制→成品

2. 配方（按100kg原料肉计，单位：kg）

冰糖	33	姜	2
白糖	2	葱	3.33
味精	0.67	食盐	1.33
绍酒	3.33		

3. 加工工艺

（1）原料处理、煮制　将猪五花肉刮去皮层污物，洗净用洁布抹去水分，把铁叉平插入肉中，用微火将肉皮燎至呈金黄色，放入开水锅中煮10min，再用凉水冲泡20min取出，用小刀将敝上的黄色浮皮轻轻刮掉，但不要刮破皮面。

（2）切块、复煮　把刮好的猪肉放在砧板上，用刀切成2.5cm见方的块，深度到肉皮处为止，使每块肉都连在肉皮上，然后放入沸水锅中煮10min，捞出洗净。

（3）蜜制　把冰糖用开水溶化后倒入锅中，随即加入肉方，并用竹垫托住，放入冰糖汁中，再加味精、绍酒、葱段、姜片，用旺火烧沸，即改用微火炖到八成烂。将炒锅置小火上，放入白糖，炒至起泡发红时，倒入炖肉方的锅中，继续用微火炖至皮肉酥烂时，将肉方取出，再将原汤汁收稠，浇在肉方上即为成品。

六、糖酥排骨

1. 工艺流程

原料选择→修整→焯水→油炸→煮制→成品

2. 配方（按100kg猪排骨计，单位：kg）

白糖	6	黄酒	2
丁香	0.13	鲜姜	1.3
葱	3	酱油	2.5
八角	0.2	味精	0.2

3. 加工工艺

（1）原料选择　选用经卫生检验合格的猪肋条排骨，排骨中骨肉比例为1∶2。

（2）原料修整　把选好的排骨修割掉血块、血污、碎板油及脏物等，用砍刀将排骨剁成3cm方形小块，洗涤干净，捞出控净水分。

（3）焯水　将洗净的小块排骨与清水共同下锅煮，撇净浮沫，待煮锅内水沸腾后即把排骨捞出，倒在筛子上控净水分。

（4）油炸　把植物油加热到180℃左右，将排骨块放入炸制，并用铁笊篱或铁勺经常翻动，使排骨块炸得均匀，约炸10min至排骨块呈明亮的黄色时即可，控净油。

（5）煮制　在煮锅中加入清水，把全部辅料（味精暂不加）和炸好的排骨倒入锅内煮制。煮时要掌握好火候，还要经常翻动，开锅后再用小火煮60min。待排骨全熟（肉不能烂，且不能脱骨）时加入味精拌匀后把排骨捞出，把锅中剩下的较浓稠的汤汁浇在排骨上拌均匀即为成品。

第五节　糖醋肉制品加工

糖醋肉制品的制作方法与酱制品基本相同，但需在配料中加入糖和醋，使制品具有甜酸味。糖醋肉制品色泽艳红，酸甜可口，深受人们喜爱。

一、糖醋排骨

（一）哈尔滨糖醋排骨

1. 工艺流程

原料选择及处理→挂糊→油炸→熟制→成品

2. 配方（按 100kg 猪排骨计，单位：kg）

白糖	9	淀粉	4
绍酒	4	葱	1
酱油	10	姜	0.5
食盐	0.8	桂皮	0.2
醋	8	味精	0.2

3. 加工工艺

（1）原料选择及处理　要求用猪肋条排骨和脆骨，排骨中骨肉比例为 1∶2。然后把选好的排骨剁成 2～3cm 大小的块，用凉水洗净捞出，放在筛子里控尽水分。

（2）挂糊　在配料中取白糖 2kg、食盐 0.8kg、绍酒 2kg、葱末 1kg、姜末 0.5kg、淀粉 4kg，装入容器内调好，然后把控尽水的排骨块倒进去，搅拌均匀，使每块排骨都挂上面糊。

（3）油炸　把油加热到 180℃左右，将排骨块投入锅内炸。油炸时需不断翻动排骨块，使其炸得均匀，约 10min 左右，排骨外面呈深黄即可捞出。

（4）熟制　把酱油 10kg、醋 8kg、白糖 7kg、绍酒 2kg、桂皮 0.2kg、清水 2kg 调和好，再放入炸好的排骨块，搅拌均匀后下锅煮，开锅后，火力要适当减弱，并要经常翻动，防止糊底。汤快收尽时加入味精，略炒后盛出，即为成品。

（二）上海糖醋排骨

1. 工艺流程

原料选择及处理→油炸→红烧→成品

2. 配方（按100kg猪排骨计，单位：kg）

食盐	1～1.5	料酒	3～4
香醋	4～5	白糖	4～5
酱油	6～7	淀粉	1.5

3. 加工工艺

（1）原料选择及处理　选择骨肉比为1∶2的猪排骨为原料，然后将其斩成均匀的小块，并用水洗净。

（2）油炸　将洗净的排骨肉放入干净容器中，加入适量的淀粉、酱油、糖和料酒，调和均匀后，在170℃左右的油锅中炸3～5min。

（3）红烧　将油炸好的排骨放在锅内，加入酱油、料酒、食盐和香醋等辅料，加入少量水，用紧汤烧煮方法旺火烧沸，20～30min后，加入白糖，继续烧10min，使糖溶化，出锅即为成品。注意烧沸后要不断用铲上下翻动。

（三）湖南糖醋排骨

1. 工艺流程

原料选择与整理 → 腌渍 → 油炸 → 熟制 → 成品

2. 配方（按100kg猪排骨计，单位：kg）

食盐	1.5	白糖	10
香醋	0.5	味精	0.2
辣椒粉	0.3		

3. 加工工艺

（1）原料选择与整理　选用猪子排骨，将软骨逐根切开，再横切成四方块，每块大小为1～1.3cm。

（2）腌渍　将剁好的排骨按比例配盐，充分拌匀，腌渍8～12h（夏季腌4h），至肉发红为止。

（3）油炸　把茶油烧开（温度110～120℃），把骨坯投入茶油锅内炸（以4份油1份子骨为宜），炸成金黄色时捞出。

（4）熟制　在锅内放至4～5kg清水，把辣椒放锅里煮出辣味，再放糖和味精。炖出糖汁后，把炸好的排骨全部倒入锅内充分拌匀，再把醋倒在排骨上拌 1min 出锅即为成品。

（四）糖醋排骨家庭制作一（上海）

1. 工艺流程

原料处理 → 挂糊 → 油炸 → 烧制 → 成品

2. 配方

猪大排	250g	食用油	250g
鸡蛋	1个	白糖	75g
食醋	25g	番茄酱	25g
食盐	1g	料酒	10g
淀粉	25g	酱油	少许

3. 加工工艺

（1）原料处理及挂糊　将猪大排洗净后，切成 1cm 厚的薄片，再切成长条，盛装碗内，加入料酒、食盐、酱油、鸡蛋液和干淀粉拌匀上浆待用。

（2）油炸　将锅烧热后倒入食用油，烧至五成热时，逐一将排骨投入炸至七成熟时，捞起沥油。待油温升至七成热，再将大排复炸至金黄色，捞起沥油。

（3）烧制　在另一锅内加入适量清水、食盐、白糖、醋和少量水淀粉，倒入已炸排骨，烧至卤汁稠浓并紧包排骨时，浇上少许刚烧过的油，即可出锅装盘。

（五）糖醋排骨家庭制作二（浙江）

“糖醋”是浙江菜中一种特色口味，常用于熘菜。糖醋排骨是糖醋菜中具有代表性的一道大众喜爱的传统菜，它选用新鲜猪子排作为原料，肉质鲜嫩，成菜色泽红亮油润，口味香脆酸甜，颇受江南一带消费者的欢迎。

1. 工艺流程

同糖醋排骨家庭制作方法一。

2. 配方（单位：g）

猪子排	250	食盐	1～2
葱段	5	湿淀粉	50
绍酒	25～30	面粉	25
酱油	25	香油	15
食醋	35～40	熟菜油	750(约耗60)
白糖	40～45		

3. 加工工艺

(1) 原料处理及挂糊　将猪子排洗净，斩成骨块。再将绍酒4kg和食盐混匀，湿淀粉和面粉各10kg加水适量拌匀，将排骨挂匀粉糊。

(2) 油炸　炒锅烧热，倒入熟菜油加热至六成热时，把挂好糊的子排分批逐块放入油锅炸至结壳捞出，全部炸好，将子排拨开以免粘连，捡去碎末，待油温回升至七成热时，再将排骨全部下锅复炸至外壳松脆，捞出沥去油。

(3) 烧制　原锅留油少许，放入葱段煸出香味后捞去，放入排骨，立即将调好的芡汁（芡汁为酱油、白糖、食醋、绍酒，加湿淀粉和水调制而成）倒入锅中，颠翻炒锅，淋上香油，即可食用。

(六) 糖醋小排骨家庭制作三（四川）

糖醋排骨是四川一道很有名的凉菜，用的是炸收的烹饪方法，琥珀油亮，干香滋润，甜酸醇厚，是一款极好的下酒菜或开胃菜。

1. 工艺流程

原料处理→煮制→油炸→上色→醋制→成品

2. 配方（单位：g）

猪排骨	400	葱	10
熟芝麻	25	植物油	500
食盐	2	鲜汤	150
花椒	2	食醋	50
料酒	15	红糖(或白糖)	100
姜	10	香油	10

3. 加工工艺

(1) 原料处理　猪排骨斩成长约5cm的节，入沸水中汆一下，捞出。

(2) 煮制　锅内烧水，放排骨下锅煮，加姜葱、花椒、料酒，烧开后去浮沫，继续改用中小火煮至排骨上的肉能脱骨即可捞出来沥干水分。

(3) 油炸　锅置火上，放油烧到七成热（油面开始冒青烟），下排骨炸至棕红捞出。

(4) 上色、醋制　将锅内油倒出，然后加汤并用盐、糖调味（略有咸甜味），糖色调色时用白糖加油炒至红棕色加水制成，如果颜色不佳，可以加酱油（不过会发黑）或是可乐辅助上色。然后放入排骨，用中小火烧至汤汁快干时，加醋翻炒收汁，淋入少许香油翻匀即可起锅，也可以在起锅后撒上少许白芝麻装盘。此外，把白糖改成红糖或冰糖，这样菜的色泽会更加鲜亮。

二、糖醋里脊

(一) 糖醋里脊一

1. 工艺流程

原料处理→炸制→烧制→成品

2. 配方（按猪里脊肉100kg计，单位：kg）

白糖	10	葱	2
面粉	4	熟菜油	300(约耗20)
绍酒	6	食盐	0.4
芝麻油	4	湿淀粉	16
酱油	10		

3. 加工工艺

将猪里脊肉切成0.5cm厚的大片，用刀轻轻排剁一下，改成骨牌块入容器中，放入绍酒和食盐拌匀。湿淀粉10kg和面粉拌匀待用；酱油、白糖、绍酒、醋、湿淀粉6kg、水10kg混合成糖醋汁待用。

炒锅置中火烧热，下菜油烧至六成热（约 150℃）时，将挂好糊的肉块入锅炸 1min 捞出，待油温升至七成热（约 175℃）时，复炸 1min，捞出沥油。

锅内留底油，放入葱段，煸出香味，肉块下锅，迅速将调好的汁冲入锅内，待芡汁均匀地包住肉块时淋麻油出锅即为成品。

（二）糖醋里脊二

1. 工艺流程

同糖醋里脊一。

2. 配方（按牛里脊肉 100kg 计，单位：kg）

食盐	1	蒜	2.5
酱油	2.5	鸡蛋	37.5
醋	12.5	淀粉	20
白糖	50	面粉	5
葱	1.25	味精	0.5
姜	1.25	花生油	37.5

3. 加工工艺

(1) 原料处理　淀粉加水适量搅匀成湿淀粉待用；里脊肉剔去筋膜，切成长 3cm、宽 0.2cm 的大片，放入容器中，然后用 0.5kg 食盐及味精煨味；鸡蛋打入碗中，调打均匀，放入面粉、湿淀粉，调为全蛋糊；将白糖、食盐 0.5kg、酱油、醋、牛肉汤和湿淀粉调和均匀待用。

(2) 炸制　炒锅置于旺火上，热锅注入花生油，六成油温时，将牛里脊肉在全蛋糊中挂匀后逐片下油锅中炸至金黄色时，捞出沥油。

(3) 烧制　热锅内留油适量，下葱姜蒜煸炒出香味后，将前述白糖、食盐、酱油、醋、牛肉汤和湿淀粉的混合液倒入，锅中沸涨、起小花时用勺推动，随后倒入炸制的里脊肉，淋入明油，即为成品。

（三）糖醋里脊家庭制作

1. 配方（单位：g）

猪里脊肉	300	料酒	15
鸡蛋清	1只	酱油	5
水淀粉	50	白糖	100
豆油	50	醋	75
花生油	1000(实耗50)	芝麻油	15
葱	3	味精	2
姜	2	食盐	适量

2. 加工工艺

将猪里脊肉洗净，去筋膜，切成4cm长，5mm宽的条，放入瓷碗内，加入鸡蛋清、水淀粉、食盐搅拌均匀，上浆；再将食盐、糖、醋、黄酒、葱末、姜末、水淀粉调成糖醋汁。将炒锅烧热，放入花生油，烧至八成热，逐个投入里脊条，炸成牙黄色时，倒入漏勺沥去油。然后在烧热的炒锅内放入豆油，烧五成热，倒入糖醋汁，打成薄芡，投入里脊条，翻炒几下，淋入芝麻油，即可出锅。

三、糖醋猪肘

1. 工艺流程

原料处理 → 烧煮 → 成品

2. 配方（按带骨猪蹄膀100kg计，单位：kg）

米醋	35	食盐	2.6
月桂	适量	黑胡椒	0.8
蒜茸	适量	酱油	11
红糖	11		

3. 加工工艺

（1）原料处理　将水、米醋、月桂、蒜茸、红糖、食盐和黑胡椒粒放入锅内，搅拌使糖、盐溶化，然后放入猪蹄膀浸泡入味。

（2）烧煮　旺火烧锅，水开后转用文火烧1.5h，如果中途汤水耗干，可添加开水再烧。然后放入酱油，加上锅盖，煮到用小刀尖刺肉不费劲刺穿时，再烧30min即可出锅。取出后去掉猪蹄膀上的胡椒粒和月桂，浇上剩余的汤汁即为成品。

第六节　糟肉制品加工

我国糟肉制品历史悠久，早在《齐民要术》一书中就有关于糟肉加工方法的记载。在我国一些地区，糟肉加工相当流行，并形成了一些著名特产。例如，逢年过节，嵊州人几乎家家户户都有制作糟鸡、糟肉的习俗；安徽古井醉鸡因使用古井贡酒而得名；杭州糟鸡在200多年前的清乾隆食谱中已有记载。到了近代，糟肉逐渐增加了醉白肉、糟鸡、糟鹅、糟菜鸽、糟蹄膀、糟脚爪、糟猪头肉、糟猪肚、糟鱼、糟羊肉等品种，统称糟货。

糟制肉制品加工环节较多，可以采用不同加工原料，按各自的整理方法进行清洗整理，其加工工艺基本相同。糟制肉制品须在低温条件下贮藏，才能保持其鲜嫩、爽口的特色，食用前应先浸在糟卤内，食用时和胶冻同时吃更有滋味。

一、糟肉

糟肉制品可以选用不同的原料肉经过熟制后用香糟、糟卤或酒进行糟（醉）制而得。产品色泽洁白，糟香浓郁，味鲜不腻，鲜美可口，为夏季佐餐佳品。在糟肉制作过程中常常用到糟，下面简单介绍一下糟的种类和制作方法。

我国一些地区的农户素有冬酿老酒的习俗，选用自家种的糯谷，碾成糯米，蒸成糯米饭，拌进麦曲，然后放进缸里进行发酵制作米酒。经过一段时间的发酵、开耙，将发酵的酒米饭灌进酒袋里压榨，榨尽酒汁，留在布袋里的就是酒糟。

做黄酒剩下的酒糟经加工即为香糟。香糟带有一种诱人的酒香，醇厚柔和。香糟可分白糟和红糟两类。白糟产于杭州、绍兴一带，是用小麦和糯米加酒曲发酵而成，含酒精26%～30%，新糟色白，香味不浓，经过存放后熟，色黄甚至微变红，香味浓郁。红糟产于福建省，是以糯米为原料酿制而成，含酒精 20%左右，隔年陈糟色泽鲜红，具有浓郁的酒香味者为佳品。为了专门生产这种产品，在酿酒时就需加入 5%的天然红曲米，能增加制品的色彩。山东也有香糟生产，是用新鲜的墨黍米黄酒加 15%～20%炒熟的麦麸及 2%～3%的五香粉制成，香味异常。

陈年香糟是浙江绍兴的传统特产，是制作糟肉制品的理想原料，其香气浓郁，味道甘甜，用它制成的糟制食品味美可口，醇香异常。它是以优质绍兴酒的酒糟为主要原料，通过轧糟机压碎，经过筛后，即可配料制作。其配料为每 100kg 糟加食盐 4kg，花椒 3kg。经充分搅拌后，捣烂；然后，将捣成糊状的酒糟灌入密闭容器内，灌装时，必须边灌边压实；最后把容器密封好，陈酿一年左右，即可使用。

（一）糟肉一

1. 工艺流程

原料处理 → 煮制 → 腌制 → 制卤汁 → 制糟卤 → 糟制 → 成品

2. 配方（以 100kg 猪肉计，单位：kg）

香糟	13.33	白糖	0.67
清汤	100	味精	0.27
黄酒	13.33	姜	2
葱	2.67	八角	0.67
食盐	2.67	桂皮	0.67
花椒	0.27		

3. 加工工艺

（1）原料处理　原料肉可以采用猪肋排肉、腿肉等。将准备好的猪肋排肉清洗干净，按肋骨横斩对开，再顺肋骨直斩成长 15cm、宽 10cm 的长方块，成为肉坯（如是腿肉、夹心肉须切成 15cm×10cm 规格的小块)，用清水漂洗干净，整理好备用。

（2）煮制　在煮制容器内加水（以淹没猪肉为度)，放入猪肉、葱、姜，旺火烧开，撇去浮沫，用小火烧至猪肉八九成熟，即容易抽出骨头时关火，捞出，抽去肋骨，同时趁热在肉坯上面撒上适量食盐，腌制约 0.5h。

(3) 制卤汁　先将煮制后汤汁中的浮油和杂质撇去，然后加八角、桂皮、花椒、食盐、白糖、味精等辅料，搅拌均匀后用旺火烧沸，小火烧煮 3～5min，倒入容器内冷却备用。

(4) 制糟卤　在盛器中放入香糟，加黄酒，搅拌均匀，过滤除去糟渣，即为香糟卤。再按 1∶1 (v/v) 的比例加入冷却好的卤汁，调匀备用。

(5) 糟制　将煮熟的原料肉放入盛器内，倒入糟卤，密封好，在 0～10℃条件下放置 4h 左右，即为成品。

食用时，将捞出的肉切成小方块或厚片装盘，浇上适量糟卤即可。

(二) 糟肉二

1. 工艺流程

原料处理 → 煮制 → 涂盐 → 糟制 → 成品

2. 配方（以 100kg 猪腿肉计，单位：kg）

食盐	4	黄酒	4
麦糟	40		

3. 加工工艺

(1) 原料处理　将准备好的猪腿肉用清水清洗干净，不用切块。把盐粒炒熟备用。其他加工用具均须清洗干净并消毒。

(2) 煮制　将洗净后的整块腿肉装入煮制容器内，添足清水，用大火将水烧开，然后改用小火将腿肉煮烂。煮制达到要求后捞出腿肉（保留肉汤备用），趁热在腿肉上涂抹一层盐粒，要抹得均匀，冷却后待用。

(3) 糟制　将糟、盐粒、黄酒混合拌匀，装入大袋（布袋或纱布袋均可）中，盖在冷透的肉面上。糟袋内可以多加些黄酒，使酒、糟逐渐流滴在腿肉上，把腿肉连同袋子一起放在密闭容器中，置于低温（10℃以下）条件下，进行糟制，至少要放置 7d，7d 以后即可食用。食用时，将捞出的腿肉切成小方块或厚片装盘即可。剩下的产品必须继续密封好。

（三）上海糟肉

1. 工艺流程

原料处理 → 白煮 → 陈糟制备 → 制糟露 → 制糟卤 → 糟制 → 成品

2. 配方（以 100kg 原料肉计，单位：kg）

花椒	0.09～0.12	高粱酒	0.5
黄酒	7	食盐	1.7
五香粉	0.03	酱油	2
陈年香糟	3	味精	0.1

3. 加工工艺

(1) 原料处理　选用新鲜皮薄的方肉和前后腿肉，将选好的肉修整好，清洗干净，切成长 15cm、宽 11cm 的长方形肉坯。

(2) 白煮　将处理好的肉坯倒入容器内进行烧煮，容器内的清水必须超过肉坯表面，用旺火烧至肉汤沸腾后，撇净血污，减小火力继续烧煮，直至骨头容易抽出时为止，然后用尖筷子和铲刀把肉坯捞出。出锅后一面拆骨，一面在肉坯两面敷盐。肉汤冷却后备用。

(3) 陈糟制备　每 100kg 香糟加 3～4kg 炒过的花椒和 4kg 左右的食盐拌匀后，置于密闭容器内，进行密封放置，待第二年使用，即为陈年香糟。

(4) 制糟露　将陈年香糟、五香粉、食盐搅拌均匀后，再加入少许上等黄酒，边加边搅拌，并徐徐加入高粱酒 200g 和剩余黄酒，直至糟、酒完全均匀，没有结块时为止。然后进行过滤（可以使用表心纸或者纱布等过滤工具），滤液称为糟露。

(5) 制糟卤　将白煮肉汤，撇去浮油，过滤入容器内，加入食盐、味精、上等酱油（最好用虾子酱油）、剩余高粱酒，搅拌冷却，数量掌握在 30kg 左右为宜，然后倒入制好的糟露内，混合搅拌均匀，即为糟卤。

(6) 糟制　将凉透的肉坯，皮朝外，放置在容器中，倒入糟卤，放在低温（10℃以下）条件下，直至糟卤凝结成胶冻状，3h 以后即为成品。

（四）北京香糟肉

此产品加工工艺简单，吃起来皮酥肉嫩，鲜美适口，糟味香馥。

1. 工艺流程

原料处理→香糟制备→糟醉

2. 配方（以 100kg 原料肉计，单位：kg）

食盐	1.5	姜	1.2
酱油	10	味精	0.28
酒糟泥	10	花生油	3
香油	0.3	白酒	4
白糖	4		

3. 加工工艺

（1）原料处理　以带皮五花猪肉为原料肉，切成长 10cm、宽 3.3cm、厚 0.7cm 的肉块，浸入清水中，除尽血水，用清水洗净，捞出后控干水分。

（2）香糟制备　在锅内放入花生油 1kg，大火烧热，然后放入姜末 0.5kg，炒出香味，接着在锅内放入酒糟泥 10kg，进行煸炒，边炒边加入白糖 3kg、食盐 0.5kg、白酒 4kg、花生油 2kg，再用小火炒约 1h，至无酸味为止，即成香糟，包装后备用。

（3）糟醉　将除净血水的猪肉放入锅中，加清水（以没过猪肉为准），用旺火烧开后改用小火进行煮制 1.5h 左右，然后加入酱油、白糖、食盐、姜、香油、味精和用纱布袋包好的香糟包，继续焖煮 1h 左右，煮到汁浓、肉酥、皮烂为止，此时即可出锅，晾凉后，即成香糟肉。

此产品可以直接食用，贮存时须放置于低温条件下。

（五）苏州糟肉

1. 工艺流程

选料→整理→煮制→糟制→成品

2. 配方（以 100kg 原料肉计，单位：kg）

高粱酒	0.2	生姜	0.8
陈年香糟	2.5	酱油	0.5
黄酒	5	味精	0.5
食盐	1	五香粉	0.1
葱	1		

3. 加工工艺

(1) 原料处理　选用皮薄而又细嫩的新鲜方肉、前后腿肉作为原料。将选好的方肉或腿肉修整好，清洗干净后，切成长 15cm、宽 11cm 的长方肉块，待用。

(2) 烧煮　将处理好的肉块倒入容器内进行烧煮，容器内的清水必须超过肉坯表面，用旺火烧至肉汤沸腾后，撇净血污，然后减小火力继续烧煮约 45～60min，直至肉块煮熟为止，然后用尖筷子和铲刀把肉坯捞出。

(3) 糟制　首先将配料混合均匀，过滤制成糟露或糟汁，直至糟、酒完全均匀，没有结块时为止。然后过滤，滤液即为糟露。然后，将烧煮好的肉块置于糟制容器中，倒入糟露，密封糟制 4～6h 即成。

此产品最好采用真空包装，贮藏温度要低，最好置于 0～4℃ 条件下。

(六) 白雪糟肉

1. 工艺流程

原料处理 → 煮制 → 腌制 → 糟制 → 蒸制 → 成品

2. 配方（以 100kg 猪臀肉计，单位：kg）

食盐	5	料酒	5
姜	2.5	白糟	25
味精	0.1	葱	适量

3. 加工工艺

(1) 原料处理　选用新鲜、卫检合格的猪臀肉作原料，剔除多余的肥膘，用清水洗净；将葱切成段，把姜拍松成块状，待用。

（2）煮制　把洗净的猪臀肉放入煮制锅内，加入清水，清水以浸没肉为度，投入葱段和姜块，用旺火烧至肉汤沸腾后，撇净血污，然后减小火力，淋入料酒，用小火焖煮20min左右后，取出。

（3）腌制　把煮制好的猪臀肉晾凉后，用刀切成小方块，放入容器内，加入食盐，搅拌均匀，腌制20min左右。

（4）糟制　在腌制好的肉块中加入白糟拌匀，低温条件下密闭放置24h左右，然后加入味精，上笼蒸熟。出笼后，待其冷却凉透后，即可食用。

（七）济南糟蒸肉

1. 工艺流程

原料处理→腌制→炸制→糟制→蒸制→成品

2. 配方（以100kg猪肉计，单位：kg）

酱油	14.67	姜丝	0.8
植物油	100	香糟	4.13
食盐	0.13	清汤	4.13
葱丝	0.13		

3. 加工工艺

（1）选料、切片　选用剔骨猪肋肉作为原料，将选好的原料刮洗干净后，切成长10cm×1.5cm的片状。

（2）腌制　将处理好的猪肉片和40g食盐一起调拌均匀，进行腌制20min左右。腌制结束后取出，沥去水分。

（3）炸制　把油炸锅置于旺火上，将植物油烧至七成热（200℃左右），放入肉片，炸制6min左右，至肉片呈黄色时，捞出，沥去油，皮面朝下呈马鞍状摆放在盛器内，撒上葱、姜丝。

（4）糟、蒸制　把香糟加入到清汤中搅拌均匀，过滤，在滤液中加入酱油、食盐90g搅匀，再浇在肉上。然后用旺火蒸制2.5h左右，即为成品。

二、糟鸡

（一）福建糟鸡

1. 工艺流程

原料处理 → 煮制 → 腌制 → 糟制 → 成品

2. 配方（以100kg鸡计，单位：kg）

味精	0.75	五香粉	0.1
食盐	2.5	高粱酒	5
红糟	0.75	料酒	12.5
白醋	5	白糖	7.5

3. 加工工艺

（1）原料处理　选用当年的肥嫩母鸡作为原料，将鸡按照常规方法放血宰杀后，煺净毛，并用清水洗净，成为白光鸡。白光鸡经开膛，取净内脏后，再次清水洗净，剁去脚爪，在鸡腿踝关节处用刀稍打一下，便于后续加工操作。

（2）煮制　将整理好的鸡放入开水中，用微火煮制10min左右，将鸡翻动一次，再煮10min左右，直至看到踝关节有3～4cm的裂口露出腿骨，即可结束煮制。煮制好的鸡体出锅后，冷却大约30min。然后剁下鸡头、翅、腿，再将鸡身切成4块，鸡头劈成两半，翅和腿切成两段。

先把味精0.3kg、食盐1.5kg和高粱酒混合均匀后放入密闭容器中，再把切好的鸡块放入，密封腌渍约1h，上下翻倒，再腌制1h左右。

（3）糟制　把余下的味精、食盐、红糟、五香粉和白糖3.5kg加入到12.5kg冷开水中，搅拌均匀。然后把混合汁液倒入腌制好的鸡块中，搅拌均匀后，再糟腌1h左右即可。

食用时把糟好的鸡块取出，抹去红糟，再将大块鸡肉轻轻切成长3cm、宽1.5cm的小块，摆在有配料的盛器中。配料一般由萝卜和辣椒构成。把白萝卜洗干净，去皮，每个切成4块，在萝卜两面划上斜十字花刀，呈桂花状，然后再浸入盐水中约20min以除去苦水，再洗净、控干。辣椒切成丝，与白糖、白醋放入萝卜块中，搅拌均匀，腌渍20min左右。食用时，佐以上述配料。

（二）杭州糟鸡

杭州糟鸡是浙江省传统特产，在200多年前的清乾隆食谱中已有记载。产品呈黄红色，皮肉糟软，酒香扑鼻，清淡不腻。

1. 工艺流程

原料处理 → 煮制 → 擦盐 → 糟制 → 成品

2. 配方（以100kg白条鸡计，单位：kg）

50°白酒	2.5	黄酒	2.5
酒糟	10	味精	0.25
食盐	2.5(夏季5)		

3. 加工工艺

（1）原料处理　选用肥嫩当年鸡（阉鸡最好）作为原料。经宰杀后，去净毛、去除内脏备用。

（2）煮制　将修整好的白条鸡放入沸水中焯水约2min后立即取出，洗净血污后再入锅，锅内加水将鸡体浸没，大火将水烧沸后，用微火焖煮30min左右，将鸡体取出，冷却，把水沥干。

将沥干水的鸡斩成若干块，先将头、颈、鸡翅、鸡腿切下，将鸡身从尾部沿背脊骨破开，剔出脊骨，分成4块，然后用食盐和少量味精擦遍鸡块各部位。

（3）糟制　将1/2配料放在密闭容器的底部，上面用消毒过的纱布盖住，然后放入鸡块，再把剩余的1/2配料装入纱布袋内，覆盖在鸡块上，密封容器。存放1～2d即为成品。

（三）河南糟鸡

1. 工艺流程

原料选择与修整 → 煮制 → 蒸制 → 糟制 → 成品

2. 配方（以100kg鸡肉计，单位：kg）

食盐	5.5	大葱	1
香糟	15	鲜姜	1
花椒	0.2		

3. 加工工艺

（1）原料选择与修整　最好选用当年肥嫩母鸡作为原料，采用三管切断法将鸡宰杀放血后，煺净毛，用清水洗净。再在鸡翅根的右侧脖子处开一 1～2cm 小口，取出鸡嗉囊，再从近肛门处开的 3～5cm 小口，掏净内脏，割去肛门，用清水冲洗干净后待用。

（2）煮制　将整理好的鸡体放入沸水中用小火煮制 2h 左右。煮制结束的鸡体出锅后，进行冷却，约需 30min，鸡体冷却后，再剁去鸡头、脖子、鸡爪，将鸡肉切成 4 块。再把鸡肉块放入容器内，加入食盐 1.5kg、花椒、葱、姜，放入蒸箱，蒸至熟烂。取出蒸制好的鸡肉，去掉葱、姜，放入密闭容器内，晾凉。

（3）糟制　先制糟卤，即在 60～100kg 水中加入香糟和余下的食盐、葱、姜、花椒，用大火烧开，维持 10min 左右，然后进行过滤，滤液即为糟卤。将糟卤倒入密闭容器中淹没鸡肉，密封好容器，鸡肉浸泡 12h 左右后即为成品。

（四）南京糟鸡

1. 工艺流程

原料处理→煮制→糟制→成品

2. 配方（以 100kg 鸡肉计，单位：kg）

食盐	0.4	香葱	1
香糟	5	味精	0.1
绍酒	1.5	生姜	0.1

3. 加工工艺

最好选用健康的仔鸡作为原料，一般每只仔鸡的活重为 1～1.5kg，然后进行原料处理，具体操作参见河南糟鸡的制作。先在鸡体内外表面抹盐，腌渍 2h 后，将鸡体放于沸水中煮制 15～30min 后出锅，出锅后用清水洗净。把香糟、绍酒、食盐、味精、生姜、香葱放入锅中加入清水熬制成糟汁。将煮制好的鸡体置于容器内，浸入糟汁，糟制 4～6h 即为成品。

此糟鸡一般为鲜销，须在 4℃条件下保存。

（五）美味糟鸡

1. 工艺流程

原料处理 → 焯水 → 煮制 → 糟制 → 成品

2. 配方（以 100kg 白条鸡计，单位：kg）

白糖	3.33	味精	0.33
黄酒	6.67	花椒	0.33
香糟	10	鲜姜	0.67
大葱	1.33	桂皮	0.33
食盐	5.33		

3. 加工工艺

（1）原料处理　最好选用当年肥嫩母鸡作为原料。原料鸡的处理方法同河南糟鸡。最后剁去鸡头、鸡爪、鸡翅，待用。

将处理好的鸡体放入沸水中焯煮 10min 左右，取出后，用冷水进行冷却，然后再将冷却后的鸡体放入沸水中焖煮 20min 左右，捞出。

（2）糟制　首先制作糟卤，即在鸡汤中加入香糟卤、葱、姜汁、花椒、桂皮、白糖、味精、食盐，用大火将汤汁烧开，维持 10min 左右，然后进行过滤，所得滤液即为糟卤。

将处理好的鸡体斩下鸡颈，将鸡体切割成两半，每片横向斩成 2 块，放入容器内，再倒入制备好的糟卤，糟卤需将鸡体淹没，糟制 3h 左右即为成品。

食用时斩块，浇上糟卤汁即可。

（六）香糟肥嫩鸡

1. 工艺流程

原料处理 → 煮制 → 制糟卤 → 糟制 → 成品

2. 配方（以 100kg 活嫩肥鸡计，单位：kg）

食盐	2	香葱	0.25
香糟	25	冷开水	62.5
黄酒	12.5	味精	0.3
白糖	1.25	花椒	适量
生姜	0.75		

3. 加工工艺

（1）原料处理　最好选用当年肥嫩母鸡作为原料，肥嫩鸡宰杀以后，用63～65℃的热水进行浸烫，拔净鸡毛，在鸡肛门处用尖刀开一小口，掏出全部内脏，洗净血水和污物，斩去鸡爪和鸡喙，用小刀割断鸡踝关节处的筋。把洗净的鸡放入沸水中大火煮制5min左右，然后改小火煮制约25min，至鸡体七八成熟时捞出。

（2）糟制　把香糟放在容器内，倒入冷开水，搅拌均匀，然后过滤得香糟卤，待香糟卤沉淀以后，取出上清液，并在其中加入黄酒、食盐、白糖、味精、花椒、香葱、生姜等，制成可使用的香糟卤水。

把煮熟的嫩肥鸡浸没在香糟卤水中，放在低温条件下，大约浸泡4～6h，使卤味渗入鸡肉后，即可取出食用。

三、糟鸭

（一）合肥糟板鸭

糟鸭系以酒曲糟制而成的板鸭，较有名的糟鸭产品有安徽糟板鸭、山东糟鸭片、北京香糟蒸鸭、江苏糟鸭、福建福式糟鸭、浙江糟鸭及红糟鸭、鸳鸯糟鸭、糟腌鸭、糟片鸭等。糟鸭产品中以安徽合肥生产的糟鸭为最著名。

1. 工艺流程

原料处理 → 煮制 → 制糟卤 → 糟制 → 成品

2. 配方（以100kg白条鸭计，单位：kg）

酒曲	5	食盐	5
糯米	500	白酒	15
高粱酒	7.5	味精	1
白糖	25	姜、葱	适量

3. 加工工艺

（1）原料处理　选用新鲜当年的肥嫩活母鸭作为原料，按常规方法对鸭进行宰杀放血，拔净光鸭身上的绒毛，用清水洗净。再在鸭肛门下方处竖着开一约 3.3cm 的小口，掏出内脏、气管、食管和鸭腹部脂肪，斩去鸭掌、鸭翅，然后用清水洗净血水和污物，沥干水分待用。

（2）煮制　煮制前先把鸭体置于案子上，用力向下压，将胸骨、肋骨和三叉骨压脱位，将胸部压扁。此时鸭体呈扁而长的形状，外观显得肥大而美观，并能够节省腌制空间。然后放进锅中，添足清水，用大火煮制 30min 左右，随后改用中火煮制，至七成熟时捞出。

（3）制糟卤　首先把米粒饱满、颜色洁白、无异味、杂质少的糯米进行淘洗，放在缸内用清水浸泡 24h。将浸好的糯米捞出后，用清水冲洗干净，倒入蒸桶内摊平，倒入沸水进行蒸煮，等到蒸汽从米层上升时再加桶盖。蒸煮 10min 后，在饭面上洒一次热水，使米饭蒸胀均匀。再加盖蒸煮 15min，使饭熟透。然后将蒸桶放到淋饭架上，用冷水冲淋 2～3min，使米饭温度降至 30℃左右，使米粒松散。再将酒曲放入（曲要捣成碎末）米粒中，搅拌均匀，拍平米面，并在中间挖一个上大下小的圆洞（上面直径约 30cm），将容器密封好，缸口加盖保温材料（可用清洁干燥的草盖或草席）。经过 22～30h，洞内酒汁有 3～4cm 深时，可除去保温材料，每隔 6h 把酒汁用小勺舀泼在糟面上，使其充分酿制。夏天 2～3d 即可成糟；冬天则需 5～7d 才能成糟（如制甜酒，则不加盐）。

再取煮鸭的汤，加入辅料，煮沸熬制 15min 左右进行冷却，冷却后加入白酒和味精，混匀，再缓缓加入制好的糟中，制成糟卤。

（4）糟制　把煮制七成熟并沥干水分的鸭一层压一层叠入容器中，倒入制好的糟卤，糟卤要以能浸没鸭坯为度，并在鸭腹内放糟，糟制 25～30d 后即成糟板鸭。

此产品可存放在密闭容器内，让糟卤淹没鸭体，密封容器口，可保存 1 年以上。

（二）北京香糟蒸鸭

1. 工艺流程

原料处理 → 煮制 → 糟制 → 成品

2. 配方（以 100kg 鸭子计，单位：kg）

食盐	0.6	鸡汤	22.2
干香糟	4.4	香糟汁	2.2
白糖	0.4	葱段	2.2
料酒	2.2	姜片	2.2

3. 加工工艺

（1）原料处理　参考合肥糟板鸭的处理方法。

（2）煮制　把干香糟放入容器内，加入料酒和食盐，调成稠糊，均匀涂抹在鸭体内外表面，腌渍 5～6h。腌好的鸭体用清水冲洗干净后，再放入开水里，煮至烂熟，即可捞出。

（3）糟制　将煮好的鸭体捞出放入容器中，加入食盐、香糟汁、白糖、葱段、姜片、鸡汤等，搅拌均匀。然后将盛有鸭体和调料的容器放入蒸箱进行蒸制 1h 左右，取出冷却，即为成品。

食用时，可剁成块，或剔骨后再切成片状，即可食用。

（三）江苏糟鸭

1. 工艺流程

原料处理 → 熟制 → 糟制 → 成品

2. 配方（以 100kg 鸭计，单位：kg）

食盐	5	葱结	1.7
香糟	10	绍酒	1.7
味精	0.2	姜片	3.3
葱段	1.7	花椒	0.1

3. 加工工艺

（1）原料处理　参考合肥糟板鸭的处理方法。

（2）熟制　把处理好的鸭体放入锅中，加入清水，清水的量要足以淹没鸭体，用旺火将水烧沸，撇去表层浮沫，煮制 10min 左右即可。将煮制好的鸭体出锅，用清水洗净，沥去水分。在煮锅内加入绍兴酒、食盐、姜片和葱结等，再放入洗净的鸭体，用圆盘压住鸭身，盖上锅盖，用小火焖煮至七成熟，即可出锅。煮制好的鸭体出锅后，立即冷却。

（3）糟制　把香糟放入原汤中，搅拌均匀，然后过滤，滤液即为糟卤。取晾透的鸭体，切下鸭头、脖颈，剖开鸭体，剁成4大块，皮朝下一起排在容器中，加入食盐、味精、花椒、葱段、姜片，舀入原汤淹没鸭块，用重物压住鸭块，再倒入糟卤，密封好容器，然后放在4℃左右的低温条件下糟制约6h即为成品。

（四）香糟肥嫩鸭

1. 工艺流程

原料处理→煮制→制糟卤→糟制→成品

2. 配方（以100kg光肥嫩鸭计，单位：kg）

葱段	1	味精	0.33
香糟	33.33	白糖	1.67
黄酒	16.67	食盐	1.33
冷开水	66.67	花椒	适量
姜片	1		

3. 加工工艺

（1）原料处理　最好选用当年肥嫩鸭作为原料，按常规方法对肥嫩鸭进行宰杀放血，拔净光鸭身上的绒毛，制成白条鸭。在鸭肛门处用尖刀开一个小洞，挖出内脏、气管、食管和腹脂，斩去鸭掌、鸭翅，洗净血水和污物，然后进行煮制。煮制时把鸭体放进锅中，添足清水，用大火煮制30min左右，随后改用中火煮制，至鸭体九成熟时捞出。

（2）糟制　把香糟放在一只盛器里，倒入冷开水将其化开，过滤得香糟卤。然后在澄清的香糟卤中加入黄酒、食盐、白糖、味精、花椒、葱段、姜片等制成香糟卤水。最后把鸭体浸入香糟卤水中，糟制4h左右，待糟味渗入鸭体后，即可结束糟制。

糟制结束，将鸭体斩成块即可食用。

四、苏州糟鹅

苏州糟鹅是利用有名的太湖白鹅糟制而成，已有一百多年历史。它是苏州夏令畅销食品之一。

1. 工艺流程

原料处理 → 煮制 → 糟制 → 成品

2. 配方（以100kg太湖鹅计，单位：kg）

陈年香糟	2.5	大曲酒	0.25
白酱油	0.1	黄酒	3
五香粉	0.05	花椒	0.5
食盐	0.2	姜	1
大葱	0.15	味精	0.1

3. 加工工艺

(1) 原料处理　选择活重在2～2.5kg的健康太湖鹅作为原料。将鹅宰杀放血后，去净毛和内脏后，用清水洗净，再将洗净的白条鹅放入清水中浸泡1h左右，除去血污，使鹅体白嫩。浸泡结束后，将鹅体置于沸水中，淹没鹅体，用大火煮沸30min左右，撇去表面的浮沫和血污，再加入葱段，姜片，绍酒，然后改用中小火再煮制40～50min，刚熟时即可捞出。捞出后，在鹅体上撒一些食盐，然后将鹅斩成鹅头、鹅掌、鹅翅和两片鹅身五部分，把斩好的鹅块放入干净的容器内冷却1h左右，将煮鹅原汤另盛于干净的可密封的容器内，撇净浮油和杂质，待用。

(2) 糟制　首先把陈年香糟、黄酒、曲酒、花椒、葱、生姜、食盐、味精、五香粉等加入50kg原汤中，加热煮沸，过滤制成糟汁。然后再把糟汁倒入容器中，使糟汁渗入鹅肉中，糟制4～6h即为成品。

糟鹅既可置于4℃左右的条件下保藏，也可鲜销。食用时将糟汁浇在糟好的鹅块上。

五、糟菜鸽

1. 工艺流程

原料处理→煮制→糟制→成品

2. 配方（以 100kg 光鸽计，单位：kg）

葱结	0.75	白糖	0.75
香糟	7.5	丁香	0.15
黄酒	5	食盐	1.75
花椒	0.25	味精	0.15
姜	0.75		

3. 加工工艺

（1）原料处理　将鸽子去尽绒毛，剁去两足，从背脊处剖开，取出内脏，用冷水洗净。然后把洗干净的鸽子放入沸水中，焯水5min左右，以去除血污和异味，捞出后冲洗干净。再把鸽子置于沸水中，撇去血沫，加姜片、葱结、黄酒，用小火烧至鸽子熟透，即可捞出。

（2）糟制　把香糟、黄酒及其余调料、香辛料放入原汤中，用大火烧开，冷却后过滤，制得糟卤。把煮熟的鸽子放入糟卤中糟制4h左右，即为成品。

食用时取出改刀或直接装盘均可。

六、红糟羊肉

1. 工艺流程

原料处理→煮制→糟制→成品

2. 配方（以 100kg 羊肋条肉计，单位：kg）

白糖	4.67	淀粉	0.67
白萝卜	66.67	食盐	0.93
黄酒	15.67	味精	0.36
姜	3.33	清汤	133.33
红糟	9.33	花生油	100(实耗 33.33)
葱	3.33		

3. 加工工艺

(1) 原料处理　选用新鲜优质的羊肋条肉，洗净后切成长5cm、宽3.3cm的肉块。然后把羊肉放入沸水中，加入葱、姜，煮沸5min左右，以除去血污和腥膻味，捞出后，放入清水中洗净，待用。将白萝卜洗净，切成大块，待用。

先把花生油烧至七成热（200℃左右）时，再把羊肉块放入炸制，待表层微黄即可捞出，沥油后待用。

(2) 糟制　先把葱、姜、红糟放入花生油中略微煸炒，然后放入羊肉块，加入黄酒、白糖、白萝卜进行煸炒，最后加入清汤、食盐、味精等，用大火烧开，然后改用小火烧煮0.5h左右，烧至羊肉熟烂，拣去葱、姜、萝卜，最后用旺火加水淀粉勾芡，即为成品。

七、醉肉

(一) 醉肉

1. 工艺流程

原料处理→焯水→煮制→去骨→加料→醉制→冷却→成品

2. 配方（以100kg猪肉计，单位：kg）

香糟	10	食盐	2
大曲酒	5	大葱	2.5
黄酒	10	桂皮	0.5
白糖	1	花椒	0.5
味精	0.5	鲜姜	2.5

3. 加工工艺

(1) 原料处理　选用卫检合格的猪方肋作为原料，刮尽原料皮面的余毛，不切块，清洗干净后待用。

(2) 焯水　将修割好的方肉放进沸水中煮制5min左右后捞出，用清水洗净后进行煮制。

(3) 煮制　煮制时容器中的水要浸没肉块，旺火煮沸后，改用小火焖煮3h左右，捞出肉块，肉汤不要倒掉，备用。

(4) 去骨　将焖熟后的方肉趁热抽去肋骨，然后均匀地在肉面上擦些食盐，切成约 20cm 见方的大块腌制 5min 左右。

（5）醉制　醉制时首先是制糟卤，即在肉汤中加入糖、葱、姜汁、味精，香糟搅拌均匀，煮沸，冷却后加入大曲酒和黄酒，搅拌均匀，过滤所得滤液即为糟卤。

将切好的肉块浸没在糟卤液中进行密封，糟制 3h 以上，即可食用。

（二）安徽酒醉白肉

1. 工艺流程

原料处理→煮制→酒醉→成品

2. 配方（以 100kg 猪臀肉计，单位：kg）

鲜姜(去皮拍松)	1	食盐	6
古井贡酒	5	味精	0.1
葱结	1	清汤	适量
花椒	0.3		

3. 加工工艺

（1）原料处理　选用新鲜猪臀肉，刮净残毛和污物，再用清水洗净，沥去水分，切成 10cm 见方的肉块备用。

（2）煮制　将洗净的猪臀肉放入锅里，加清水旺火烧煮，清水的量要足以淹没肉块，待肉汤沸腾后，撇净血污和浮沫，减小火力继续烧煮，直至肉煮熟为止，把肉坯捞起，撕去猪皮。

（3）酒醉　在锅内加水、食盐、味精、葱结、姜块、花椒等，用旺火烧开，冷却后即为卤汁。把卤汁倒入可密封的容器中，然后放入肉块、古井贡酒，密封好，醉制约 4h，即为成品。

食用时取出醉制好的肉块，切成片状，装盘，浇上少许卤汁，即可。

（三）糟醉扣肉

1. 工艺流程

原料处理→焯水→拆骨→涂酱油→炸制→切块→油炸→糟制→蒸制→成品

2. 配方（以 100kg 肋条方肉计，单位：kg）

酱油	3	鲜姜	3
食盐	1	大葱	5
黄酒	10	白糖	10
味精	0.5	香糟	10
大曲酒	5		

3. 加工工艺

（1）原料处理　选用皮薄肉嫩的猪肋条方肉，去毛洗净后待用。将方肉在沸水中焯 5min 捞出，趁热拆骨，并在皮面上均匀涂抹酱油。

（2）炸制　将焯水冷却后的方肉在温油（油温 100℃左右）中炸至皮面起泡后捞出。冷却后切成 6cm×1cm 的肉块，再次进行油炸 1min 左右后出锅，皮面向下按顺序摆齐，放入容器内。

（3）糟制　将香糟加入大曲酒、黄酒中，搅成糊状，过滤所得滤液即为糟卤。然后再把白糖、味精、食盐、酱油及葱、姜汁等其他辅料加入到糟卤中拌匀，浇在肉块上，放入蒸箱旺火蒸制约 2h 至肉酥为止。

八、醉鸡

（一）古井醉鸡

古井醉鸡因制作时使用古井贡酒而得名。古井贡酒产于安徽亳县，为明清两代之贡品，故得此名。现今此酒多次被评为中国名酒，其品质香醇如幽兰，浓郁而甘润，风味独特。用古井贡酒制作的醉鸡，鲜美嫩滑，具有浓厚的古井酒香。

1. 工艺流程

原料处理 → 煮制 → 醉制 → 成品

2. 配方（按 100kg 鸡计，单位：kg）

食盐	0.4kg	葱	2.4kg
古井贡酒	4kg	姜	2.4kg
味精	0.16kg	花椒	1.6kg

3. 加工工艺

（1）原料处理　选用健康的当年肥嫩母鸡作为原料。采用三管切断法将活母鸡宰杀，放尽血，用 63～65℃的热水烫毛，拔净鸡毛，不要碰破鸡皮。再在鸡翅根的右侧脖子处开一 1～2cm 小口，取出鸡嗉囊，再从近肛门处开的 3～5cm 小口，掏净内脏，割去肛门，用清水冲洗，沥去水分，放置 7～8h 后使用。

（2）煮制　将鸡放入烧开的沸水中煮制约 10min，捞出后，用清水冲洗干净，剁去鸡头和脚爪。再把鸡体置于水中，水量以将鸡体浸没为好，大火烧开，撇去表面浮沫，转小火炖约 40min，待鸡体达到六成熟时，捞出晾干水分。将鸡身沿背部一剖两半，再把半个鸡身平分两块，鸡身分成四块，置于容器中备用，鸡汤不能倒掉，留着备用。

（3）醉制　先把姜切成片，葱切成象眼块。在容器中放入冷鸡汤、味精、花椒、古井贡酒和葱姜，搅拌均匀后，把处理好的鸡块放入，然后取一重物将鸡块压入汤中，把容器密封好，醉制约 4h。在醉制过程中，切忌打开容器，使酒气外溢，影响风味。

醉制好以后，将鸡块取出，用刀切成长方条形，一只鸡约可切成 16 块；整齐地码放于容器内，形状如馒头。最后蘸上少许醉鸡的卤汁即可食用。古井醉鸡一般做鲜销，也可以在 4℃左右的条件下适当保存或者将醉好的鸡采用真空包装进行保存。

（二）醉八仙鸡

醉八仙鸡是选用八种不同的原料经过糟制而成，产品突出酒糟香醇，咸鲜味美，清淡尤佳，很受消费者的欢迎。此产品最适合家庭制作和鲜销。

1. 工艺流程

原料处理→制糟卤→醉制→成品

2. 配方［以 1.5kg 鸡（1 只）计，单位：kg］

活母鸡	1.5	开水	1.5
肚子	1 个	鸭肫	10 只
猪舌	0.25	鸡肝	0.25

熟鸡蛋	5只	白糖	0.1
猪心	2只	生姜	0.05
黄酒	0.25	桂皮	0.02
出骨鸭掌	20只	八角	0.02
生菜叶	6张	花椒	5粒
番茄	3只	食盐	0.06
香糟	0.75	味精	0.01
香葱	0.1	胡椒粉	0.01

3. 加工工艺

(1) 原料处理　将母鸡宰杀以后，用63～65℃的热水烫毛后，拔净鸡毛，掏去全部内脏和食管，洗净血水和污物，斩断鸡爪，放入沸水内进行烧煮，直至鸡七八成熟时，捞出冷却。

把猪肚洗净后，放入沸水中，维持5min，而后捞出，刮掉肚子上的粘物和白衣再洗净，然后再放入水中，大火烧开后，改用中火烧到八成熟捞出，放入盛器中，压平待用。

去掉鸭肫上的污物和黄皮；鸭掌去掉黄皮；猪心切成两瓣，去掉血块，鸭肫，鸭掌、猪心一起洗净，放入水中，用旺火烧开，再放入葱、姜、黄酒，撇去浮沫，改用文火烧煮30min左右，约七成熟时捞出，冷却后备用。

鸡肝用刀去除苦胆，用沸水煮熟，放入容器内，然后用冷水浸泡，用清水洗净待用。

猪舌先用沸水烫一下，剥去白衣，然后再在沸水中煮至七成熟捞出，用冷水浸泡。

鸡蛋清洗干净后放入水中，用旺火烧开后，再用中火烧煮6min左右即可捞出，用冷水冲一下即可剥壳，放入容器中备用。

(2) 制糟卤　先把桂皮、八角、花椒放入水中，烧开，冷却，加入香糟，搅拌成糊浆，过滤所得滤液就是糟汁，然后澄清糟汁，去除沉淀物。

(3) 醉制　把八种原料放在一干净并消毒的容器中，再把糟露、黄酒倒入其中，加入食盐、味精、白糖、胡椒粉少许，调好口味后，密封好容器，置于0～4℃条件下保持3h左右，即为成品。

（三）浙江五夫醉鸡

1. 工艺流程

原料处理→煮制→醉制→成品

2. 配方（以100kg鸡计，单位：kg）

鲜姜	100	小茴香	1.2
食盐	24	黄酒	适量
大葱	20		

3. 加工工艺

（1）原料处理　选用活重在1.25kg左右的健康的当年鸡作为原料。将鸡采用三管切断法放尽鸡血，然后将鸡体放入63～65℃的热水内浸烫后煺净羽毛，开膛后取出全部内脏，用清水洗净鸡身内外，沥干水分，待用。把葱切成段，姜拍松后切成块，待用。

（2）煮制　将处理好的白条鸡放锅内，添入清水，以淹没鸡体为度，加入处理好的葱、姜，用大火将汤烧沸，撇去表面的浮沫，再改用小火焖煮2h左右，将鸡体捞出，沥干水分，趁热在鸡体内外抹上一层食盐，要求在刀口、口腔、体腔等部位均匀涂抹，保证食盐涂抹均匀。

（3）醉制　将擦过食盐的熟鸡晾凉，切成长约5cm、宽约3.5cm的长条块，再整齐地码在较大的容器内（容器要带盖），最后灌入黄酒，以淹没鸡块为度，加盖后置于凉爽处，约48h后即为成品醉鸡。

此产品加工时要求：不加油，不加配料，白水煮鸡，只放葱、姜，不放盐，成熟后抹盐于鸡内外。

九、其他糟猪肉制品

（一）济南糟油口条

1. 工艺流程

原料处理→煮制→切片→糟制→成品

2. 配方（以 100kg 猪舌计，单位：kg）

料酒	3.2	香油	12.6
清汤	100	味精	0.6
香糟	3.2	葱丝	4
食盐	2	姜丝	4
五香粉	3.2		

3. 加工工艺

（1）原料处理　选用新鲜猪舌，从舌根部切断，洗去血污，放到 70～80℃温开水中浸烫 20min 左右，烫至舌头上的表皮能用指甲扒掉时，捞出，然后用刀刮去白色舌苔，洗净后用刀在舌根下缘切一刀口，利于煮制时入味，沥干水分，待用。

（2）煮制　把洗净处理好的猪舌放入锅内，再加入葱、姜丝、五香粉、食盐、清汤，用旺火烧开后，改用小火烧煮，保持锅内汤体微沸，直至熟烂，即可出锅。煮制好的猪口条出锅后，沥去汤汁，再切成长 5cm、厚 0.2cm、宽 2cm 的片状。

（3）糟制　先将香油烧至七八成热时（200℃左右），放入香糟，炸为油糟待用。然后将味精、料酒、清汤，放在盛器内，搅拌均匀，再把油糟倒入，捞去糟渣，最后放入猪舌，浸泡约 30min 后，捞出，即为成品。

（二）香糟大肠

1. 工艺流程

原料处理 → 煮制 → 油煸 → 糟制 → 成品

2. 配方（以 100kg 猪大肠计，单位：kg）

味精	0.33	鲜姜	1.67
食盐	3.33	大葱	1.67
黄酒	6.67	香糟	3.33
白糖	5	大蒜末	3.33
胡椒粉	0.11		

3. 加工工艺

(1) 原料处理　选用肥嫩猪大肠，翻肠后用食盐揉擦肠壁，除尽黏附的污物。然后用清水洗净，放入沸水内泡 15min 左右后捞起，浸入冷水中冷却后，再捞起沥干水分。

(2) 煮制　将清洗干净的大肠放入锅内，加水淹没大肠，然后放入葱、姜、黄酒、香辛料，大火烧开后，用文火煮制约 4h 直至肠熟烂，即可出锅。

(3) 油煸　取出煮制好的大肠切成斜方块（10cm 左右），再与蒜末一起用油煸炒一下，再加入香糟、黄酒、白糖、食盐、鸡汤等，用温火煮制 20min 左右，即为成品。

(三) 糟八宝

1. 工艺流程

原料处理 → 焯水 → 煮制 → 冷却 → 制糟卤 → 糟制 → 成品

2. 配方（以 100kg 猪八宝计，单位：kg）

黄酒	2.5	鲜姜	2
食盐	1	味精	0.3
香油	2.5	大葱	4
香糟	15		

3. 加工工艺

(1) 原料处理　选用等量的猪内脏八样：猪肺、猪心、猪肠、猪肚、猪腰、猪爪、猪舌、猪肝。猪肺要去除气管，清洗干净，放入沸水中浸泡 15min，捞出用冷水清洗干净，沥干水分备用。猪心，将猪心切开，洗去血污后，用刀在猪心外表划几条树叶状刀口，把心摊平呈蝴蝶形。洗净后放入开水锅内浸泡 15min，捞出用清水洗净，沥干水分待用。猪大肠的处理同香糟大肠的处理。猪肚，将肚翻开洗净，撒上食盐揉搓，洗后再在 80～90℃ 温开水中浸泡 15min 烫至猪肚转硬，内部一层白色的黏膜能用刀刮去时为止。捞出放在冷水中 10min，用刀边刮边洗，直至无臭味、不滑手时为止，沥干水分。用刀从肚底部将肚切成弯形的两大片，去掉油筋，滤去水分。猪腰（肾）整理方法与猪肝相同，值得注意的是，必须把输尿管及油筋去净，否则会有尿臊气。将猪爪去毛去血污，先放在水温75～80℃的热水中烫毛，把毛刮干净。从猪爪的蹄叉处分切成两块，每块再切成两段，放入开水锅煮制20min，捞出放到清水中浸泡洗涤。猪舌的处理同山东济南糟油口条处理方法。将猪肝切成三叶，在大块肝表面上划几条树枝状刀口，用冷水洗净淤血。其他两块肝叶因较小，可横切成块或片。洗净的肝放入沸水中煮10min，至肝表面变硬，内部呈鲜橘色时，捞出放在冷水中，洗净刀口上的血渍。

（2）煮制　将除去猪爪和猪肝的6样放入沸水中，加入葱、姜，撇去表面浮沫，加入黄酒，用小火焖煮1h，再放入猪爪和猪肝，再焖制3h，至大肠能用筷子插烂时，再改旺火煮，直至汤液变的浓稠为止，捞出八宝冷却好待用。

（3）糟制　先制作糟卤，即把香糟粉碎后放入黄酒中浸泡4h左右，过滤所得滤液即为糟卤。然后将八宝放入锅中，加入原汤、食盐、味精后，用旺火煮沸然后停火，加入糟卤，晾凉后放置于冷库中1h，待凝成胶冻块时即可。

（四）糟头肉

1. 工艺流程

原料处理→煮制→糟制→成品

2. 配方（以100kg猪头肉计，单位：kg）

原料	用量	原料	用量
葱结	1	味精	0.12
香糟	10	花椒	0.12
黄酒	10	桂皮	0.12
八角	0.2	食盐	1.4
姜	1	白糖	0.6
丁香	0.2		

3. 加工工艺

（1）原料处理　将猪头先放在75～80℃的热水中烫毛，刮净猪头上的残毛和杂质，再用清水去血污清洗干净，然后将猪头对半劈开，取出猪脑、猪舌，拆去头骨，洗净放入开水煮20min，去除部分杂质和异味，捞出放到清水中浸泡洗涤，肉汤留着备用。

（2）煮制　将猪头肉放入水中，大火烧开，撇去浮沫，加入葱结、姜片、黄酒等辅料，改用小火煮制 2～3h，直至肉酥而不烂，捞出。

（3）糟制　先制作糟卤，即把香糟和黄酒、葱、姜、食盐搅拌均匀，过滤，即为糟卤。再把原肉汤撇净浮油，再加入各种香辛料和食盐、白糖、味精，大火烧开 2min，离火冷却后倒入做好的糟卤内，搅拌均匀，即为卤汁。最后将猪头肉放入糟卤内浸制 3h 以上。

食用时，取出切块，再浇上卤汁即可。

（五）糟猪尾

1. 工艺流程

原料处理 → 煮制 → 制糟卤 → 糟制 → 成品

2. 配方（以 100kg 猪尾计，单位：kg）

葱结	3.33	味精	0.27
香糟	13.33	花椒	0.26
黄酒	13.33	桂皮	0.65
八角	0.67	食盐	5.16
姜	2.56	白糖	1.33
丁香	0.65		

3. 加工工艺

将清洗干净的猪尾放入水中，大火烧开，撇去表面浮沫，放入葱结、姜块，用小火将猪尾烧至酥软，捞出用刀切成长 6.5cm 左右的段。肉汤留着备用。糟制时，首先进行制作糟卤，即先把香糟、黄酒和适量冷开水搅拌均匀，然后过滤，所得滤液即为糟卤。再在部分原汤中加入花椒、丁香、桂皮、八角、食盐、白糖、味精后，用大火烧开，保持 5min 后离火冷却。最后倒入糟卤搅拌均匀，放入切好的猪尾，浸渍 4h 左右，待其入味后，即为成品。

（六）糟猪爪

1. 工艺流程

原料处理→制糟卤→糟制→成品

2. 配方（以100kg猪爪计，单位：kg）

香糟	50	味精	1
花椒	0.1	桂皮	1.5
八角	0.5	葱	2.5
白糖	1	黄酒	25
食盐	6	姜	2

3. 加工工艺

(1) 原料处理　原料处理同糟八宝制作中猪爪的处理。将处理好的原料用清水煮到八成熟时捞出，放在容器内冷却。

(2) 糟制　在沸水中加入食盐、白糖、花椒、八角、桂皮、葱、姜，维持2min后倒入容器中，待冷却后再放入香糟，搅拌使其化成糊状，然后过滤，接收并澄清滤液。再在滤液中加入味精、黄酒，制成香糟卤。

再把冷却好的猪爪浸入糟卤中，置于低温条件下糟制4～5h后即可食用。

十、其他糟鸡肉制品

(一) 香糟鸡翅

香糟鸡翅咸鲜可口，酒香浓郁，此产品一般做鲜销，最适合家庭制作。

1. 工艺流程

原料处理→煮制→糟制→成品

2. 配方（以100kg鸡翅计，单位：kg）

八角	0.5	桂皮	0.5
葱	3	香糟	10
姜	2	绍酒	10
白糖	1	食盐	5

3. 加工工艺

（1）原料处理　将鸡翅清洗干净放入沸水中，煮制10min，然后加入绍酒，煮至断生（指肉的里面不再是血红色），捞出，放凉。

（2）糟制　在把葱、姜、八角和桂皮放入水中煮沸，然后加入盐、香糟酒、白糖调好口味，断火，待汤汁晾凉后，放入煮好的鸡翅，腌制24h即可。

（二）糟鸡杂

1. 工艺流程

原料处理→煮制→制糟卤→糟制→成品

2. 配方（以100kg鸡杂计，单位：kg）

香糟	20	姜	2
食盐	3.5	丁香	0.5
白糖	1.5	花椒	0.5
葱	2		

3. 加工工艺

（1）原料处理　鸡肫剥去油，撕去硬皮，对半切开。鸡肝去除胆汁。鸡心切去心头。鸡肠剪开去净污物，用盐、醋反复搓洗，净水漂净，去除腥膻味。鸡肾撕去筋膜。鸡杂加工后用清水冲洗干净。

将鸡肾、鸡肠放入沸水中，加入葱、姜、黄酒烧开，煮熟后出锅。再把鸡肫、鸡肝、鸡心放入沸水中，当鸡肝、鸡心由红变白时捞出，最后捞出鸡肫。

（2）糟制　原汤过滤后，加入丁香、花椒、食盐、白糖，煮开后让其自然冷却。冷却后加入香糟和黄酒，搅拌均匀，过滤，所得滤液为糟卤。

在糟卤中加入部分原汤搅匀，放入鸡杂，于低温条件下糟制4h。

食用时改刀装盘，浇上糟卤即可。

十一、糟鹅肝

糟鹅肝是经过添加太仓糟油糟制而成，其色泽金黄，香味浓郁，肝肉软嫩，咸香适口，风味别致。太仓糟油是用酒浆配以各种香料入缸封藏数月后制成的液体调味品，具有酱色、糟香等特点，能解腥除异味、提鲜增香、开胃增食。清代袁枚《随园食谱》云："糟油出太仓，愈陈愈佳"。《太仓州志》云："色味佳胜，他邑所无"。

1. 工艺流程

原料处理→煮制→糟制→成品

2. 配方（以 100kg 鹅肝计，单位：kg）

黄酒	0.26	姜片	0.26
太仓糟油	5.17	葱结	0.26
食盐	3.33	白糖	1.33
味精	0.39	鲜汤	130

3. 加工工艺

（1）原料处理　选用新鲜的鹅肝，用刀剔除鹅肝上的筋膜，清水浸漂，再放入开水内焯水 2min，除去血污和浮沫，捞出用清水洗净。

把鲜汤及适量清水混合，烧开，放入鹅肝煮制，同时放入葱结、姜片和黄酒，撇去血沫，煮至成熟，将鹅肝捞出备用。

（2）糟制　将原汤冷却过滤，除去杂质，撇去浮油，倒入太仓糟油，再加入食盐、白糖和味精搅拌均匀，制成卤汁。再将鹅肝放入卤汁中糟制约 3h，即为成品。

食用时，改刀成片或小块，浇上原味卤汁即可。

参 考 文 献

[1] 周光宏. 畜产品加工学. 北京：中国农业出版社，2002.

[2] 蒋爱民，南庆贤. 畜产食品工艺学. 第2版. 北京：中国农业出版社，2008.

[3] 徐帮学. 最新食品工业生产新工艺新技术与创新配方设计及产品分析检测实用手册. 北京：吉林省出版集团、银声音像出版社，2004.

[4] 李里特，乔发东. 畜产食品安全标准化生产. 北京：中国农业大学出版社，2006.

[5] 张晓东. 畜产品质量安全及其检测技术. 北京：化学工业出版社，2006.

[6] 郝利平. 食品添加剂. 北京：中国农业出版社，2004.

[7] 天津轻工业食品工业教学研究室. 食品添加剂. 北京：中国轻工业出版社，2006.

[8] 万素英. 食品防腐与食品防腐剂. 北京：轻工业出版社，2003.03.

[9] DavidH Watson. 食品化学安全：第二卷. 食品添加剂. 霍军生等译. 北京：中国轻工业出版社，2006.

[10] 胡国华. 食品添加剂在禽畜及水产品中的应用. 北京：化学工业出版社，2005.

[11] 周光宏. 肉品学. 北京：中国农业科技出版社，1997.

[12] 靳烨. 畜禽食品工艺学. 北京：中国轻工业出版社，2004.

[13] 刘宝家等. 食品加工技术、工艺和配方大全（中）. 北京：科学技术文献出版社，1990.

[14] 王玉田. 肉制品加工技术. 北京：中国环境科学出版社，2006.

[15] 葛长荣，马美湖等. 肉与肉制品工艺学. 北京：中国轻工业出版社，2005.

[16] 古少鹏，高文伟等. 禽产品加工技术. 北京：中国社会出版社，2005.

[17] 董开发，徐明生. 禽产品加工新技术. 北京：中国农业科技出版社，2002.

[18] 黄德智，张向生. 新编肉制品生产工艺与配方. 北京：中国轻工业出版社，1998.

[19] 黄德智. 新版肉制品配方. 北京：轻工业出版社，2001.

[20] 刘宝家，李素梅等. 食品加工技术、工艺和配方大全：精选版. 中. 北京：科学技术文献出版社，2005.

[21] 夏文水. 肉制品加工原理与技术. 北京：化学工业出版社，2003.

[22] 张坤生. 肉制品加工原理与技术. 北京：中国轻工业出版社，2005.

[23] 陈明华，郭建平. 牛羊产品加工技术. 北京：中国社会出版社，2005.

[24] 马俪珍，蒋福虎，刘会平. 羊产品加工新技术. 北京：中国农业出版社，2002.

[25] 孔保华，马俪珍. 肉品科学与技术. 北京：中国轻工业出版社，2003.

[26] 马美湖. 特种经济动物产品加工新技术. 北京：中国农业出版社，2002.

[27] 李良明. 现代肉制品加工大全. 北京：中国农业出版社，2001.

[28] 周光宏. 畜产食品加工学. 北京：中国农业大学出版社，2002.

[29] Lawrie. R A. Meat Science. Cambridge，England：Woodhead Publishing Limited，1998.

[30] 李光. 卤糟熏腊焗烧. 长春：延边人民出版社，2003.

[31] 陈有亮. 牛产品加工新技术. 北京：中国农业出版社，2002.